学术著作·工程安全防护理论与技术系列

聚合物水泥复合道面填缝材料 制备设计及应用

白二雷　任韦波　许金余　著

国家自然科学基金资助项目(51378497)

西北工业大学出版基金资助项目

U0382291

西北工业大学出版社

西安

【内容简介】 本书以聚合物水泥复合道面填缝材料为主要研究对象,围绕聚合物水泥复合道面填缝材料的制备、工作性能、力学性能、耐久性能以及微观组织结构展开系统研究,在此基础上,通过现场试验进一步检验其在实际道面接缝工程中的应用效果。结果表明,通过合理的选材及配比设计,聚合物水泥复合材料可具备理想的黏结变形性能和优异的耐久性能,并成为一种极具潜力的道面填缝材料。

本书可供从事机场工程和相关土木工程专业的研究、设计人员,以及高校教师、研究生和高年级本科生阅读使用。

图书在版编目(CIP)数据

聚合物水泥复合道面填缝材料制备设计及应用/白二雷,任韦波,许金余著 . —西安:西北工业大学出版社,2018.1
ISBN 978 - 7 - 5612 - 5677 - 0

Ⅰ.①聚…　Ⅱ.①白…　②任…　③许…
Ⅲ.①聚合物水泥—研究　Ⅳ.①TQ172.79

中国版本图书馆 CIP 数据核字(2017)第 252331 号

策划编辑:肖亚辉
责任编辑:胡莉巾

出版发行:西北工业大学出版社
通信地址:西安市友谊西路 127 号　　邮编:710072
电　　话:(029)88493844　88491757
网　　址:www.nwpup.com
印 刷 者:陕西向阳印务有限公司
开　　本:727 mm×960 mm　　1/16
印　　张:10.75
字　　数:203 千字
版　　次:2018 年 1 月第 1 版　　2018 年 1 月第 1 次印刷
定　　价:52.00 元

前　言

　　机场道面接缝类病害是影响机场使用性能、威胁飞行安全的重要因素之一。造成道面接缝类病害的主要原因是所用填缝材料受施工质量、使用环境以及自身性能的影响出现脱开、挤出、拉断等破坏,进而造成一系列衍生道面病害,如断板、错台、拱起、唧泥、边角损坏等。近年来常用的道面填缝材料虽然已逐步从传统的沥青类材料向较为高档的聚氨酯、聚硫、硅酮类材料过渡,但这些材料仍存在如黏结强度低、易老化、易污染、与混凝土道面相容性差、成本高等问题,特别是在一些高温、高寒、多雨等特殊环境地区,其耐久性及环境适应能力较弱,难以满足实际使用需求。上述问题的存在不但严重影响道面使用性能,干扰机场正常运行,造成后期道面维护成本提高,更为重要的是,由于填缝材料失效而引发的道面病害目前已成为机场的严重安全隐患。因此,有必要研究、制备一种变形协调能力强、耐久性好、性价比高、适用于机场工程环境特点的新型高性能道面填缝材料。

　　聚合物水泥复合材料是一种以水性有机聚合物和水泥为主要原料共混得到的高性能复合材料。通过聚合物成膜及水泥水化的交互进行及相互反应,这类材料通常能够兼具水泥基材料耐久性好、强度高、生产成本低以及水性有机聚合物材料变形柔韧性好、黏结性强、防水性能优异、环境污染小等特点,具有极好的技术性能优势。通过合理的选材、配比设计以及加入其他外加剂进行二次改性等手段,聚合物水泥复合材料可具备理想的变形黏结性能和优异的耐久性能,并成为一种极具潜力的道面填缝材料。

　　本书主要围绕聚合物水泥复合道面填缝材料制备、工作性能、力学特征以及耐久性能等展开系统研究,分析不同原料配比参数以及环境、工况的影响规律及作用机理,得到聚合物水泥复合道面填缝材料配比的合理取值及应用范围,在此基础上,进一步针对填缝料的微观形貌、孔隙结构及微结构生成模型进行研究,并通过现场试验检验其在实际机场道面接缝工程中的应用效果。

　　本书由白二雷、任韦波、许金余撰写,由郑颖人院士审校。刘俊良、聂良学、朱丛进、王谕贤等参与部分试验工作,彭光、陆松等参与部分图表的绘制工作。在此向帮助完成本书的同志们表示衷心的感谢!

　　由于水平有限,书中难免存在不足及疏漏之处,恳请读者批评指正。

著　者

2017 年 7 月于西安

目　　录

第1章
绪　　论

1.1　研究背景

机场道面接缝类病害是影响机场使用性能、威胁飞行安全的重要因素之一。在机场道面的设计和施工中,为防止道面因温度、湿度变化产生不规则裂缝,通常需设置大量的胀缝、缩缝、施工缝等接缝。由于这些接缝的存在极易造成水分下渗、硬物嵌入,为此必须及时采用填缝材料对其进行填封,避免土基和道面板产生破坏。然而,受施工质量、使用环境、特别是填缝材料自身性能的影响,很多机场所用的填缝料在灌入不久后便出现脱开、挤出、拉断等破坏[1],进而造成一系列衍生道面病害,如断板、错台、拱起、唧泥、边角损坏等。因此,作为机场道面的薄弱环节,接缝处所用填缝材料的性能及其所能达到的封缝效果,严重影响着机场的使用性能及寿命。

传统的道面填缝材料包括沥青玛碲脂、沥青油膏、聚氯乙稀胶泥等,这些材料虽然价廉,但耐候性差、抗位移变形能力弱、使用寿命短、极易破坏。近年来,常用的道面填缝材料已逐步从传统的沥青类材料向较为高档的聚氨酯、聚硫、硅酮类材料过渡,虽然这些材料的综合性能较传统填缝材料有所提升,但仍存在如黏结强度低,易老化,易污染环境,与混凝土道面相容性差,造价成本高等问题[2],特别是在一些高温、高寒、多雨等特殊环境地区,其耐久性及环境适应能力较弱,难以满足实际使用需求。这些问题的存在不但严重影响道面使用性能,干扰机场正常运行,造成后期使用过程中因重新填缝、修补维护等导致的经济损失,更为重要的是,由于填缝材料失效而引发的道面病害目前已成为机场的安全隐患,严重威胁飞行安全[3-4]。因此,针对目前机场道面填缝材料使用过程中存在的问题和提高机场道面安全保障性的实际需求,有必要研究制备一种变形协调能力强、耐久性好、性价比高、适用于机场工程环境特点的高性能填缝材料,掌握其使用性能及特点,从而在一定程度上解决现有机场道面填缝料存在的不足。

聚合物水泥复合材料是一种基于“有机无机复合”材料设计理念,以水性有机聚合物和水泥为主要原料共混得到的高性能复合材料。通过聚合物成膜和水泥水化的交互进行及相互反应,这类材料通常能够兼具水泥基材料耐久性好、强度高、生产成本低以及水性有机聚合物材料变形柔韧性好、黏结性强、防水性能优异、环境污染小等特点[5]，具有极好的技术性能优势。例如，聚合物水泥复合材料通常具备更好的工作性能，更高的柔韧性，更强的内聚性、黏结性以及更为优异的耐水性、耐腐蚀性和温度适应能力。因此，通过合理的选材、配比设计以及加入其他外加剂进行二次改性等手段，可使聚合物水泥复合材料具备理想的黏结变形性能和优异的耐久性能，使其成为一种极具潜力的道面填缝材料。同现有的大多有机类填缝材料相比，聚合物水泥复合道面填缝材料不但具备相应的变形协调性能，而且能够在一定程度上克服油性有机类填缝料耐久性差、易老化、性价比低、环保性差等弊病，具有广阔的发展应用前景。

鉴于此，本书针对现有研究不足和工程中亟需解决的问题，围绕新型高性能聚合物水泥复合道面填缝材料展开研究，探索聚合物水泥复合道面填缝材料的制备方法，研究其工作性能、力学性能及耐久性能的变化规律及内在机理，检验其在实际机场道面接缝工程中的应用效果。研究成果将为新型道面填缝材料的制备应用提供理论依据和技术支持，对于提高机场道面使用性能，保障飞行安全等具有重要意义，可展现出良好的社会经济效益。同时，本书研究成果还可推广应用至公路、水渠、涵洞等建设工程领域，解决其相应的接缝类病害问题。

1.2 国内外研究现状

1.2.1 道面填缝材料研究应用现状

用于机场、公路等水泥混凝土道面的接缝材料按其形态和安装制备方式不同，主要分为两类，即预制型嵌缝料和现场灌入式填缝料，后者按施工温度条件的不同又分为加热施工式和常温施工式两种。常用的预制型嵌缝料包括各类嵌缝板及嵌缝条，如橡胶泡沫板、聚乙烯泡沫板、鱼刺形密封条和多孔形密封条等[6]。这类接缝材料由于提前在工厂内预制成型，通常其质量稳定性较好且便于现场安装施工[7]，但在实际使用过程中易出现挤出、脱边等破坏。近年来，随着对预制型嵌缝料制备原料、安装工艺、性能检测等方面研究的不断深入[8]，其使用性能及普及程度得到一定程度的提高。但是，考虑到这类嵌缝材料同本书所制备的填缝材料在制备方法、材料性能、施工工艺以及测试标准等方面差异较大，本书在此不予详细讨论。以下主要就现场灌入式填缝料的使用发展及研究应用情况进行综述分析。

1.2.1.1 传统填缝材料

传统的道面填缝材料主要为加热施工式的沥青基材料，包括纯沥青、沥青玛蹄脂（由沥青和矿粉混合而成）、沥青油膏（以石油沥青为基料混合废橡胶粉制成）以及各类改性沥青等。沥青基填缝料的优点在于其价格低廉,原料易得。但是,由于沥青材料的主要成分为一些复杂的高分子碳氢化合物及其非金属衍生物,其在自然环境下极易出现老化、失黏等问题,因此这类沥青基填缝料的使用寿命通常较短,且在使用过程中普遍存在黏结力小,耐候性差,变形能力弱以及冬脆夏软等问题[9],难以满足实际使用需求。此后,研究人员又以煤油及聚氯乙烯树脂为基料,通过掺入一定比例的增塑剂、溶剂和填料等制得了聚氯乙烯胶泥填缝料。该种材料同沥青基材料相比,具有高温不淌、低温不脆裂的特点,同时还具备一定的回弹能力,但是由于其中的煤焦油成分易于挥发,这类填缝料在使用一段时间后便出现永久变形增大、抗嵌入性能变差、与接缝侧壁失黏脱开等问题[9],其使用效果也不尽如人意。

总体而言,传统填缝料主要存在以下两方面问题:①现场施工需加热。一方面,加热施工工序烦琐、不安全,且极易造成环境污染;另一方面,由于施工现场加热温度难以精确控制,易对材料使用性能造成不利影响。例如对于聚氯乙烯胶泥,其施工加热温度应严格控制在 $130\sim140$ ℃之间,加热温度过低会使材料的施工性能变差,难以浇灌,加热温度过高则会导致材料老化甚至焦化报废。②耐久耐候性差,黏结变形能力弱。传统填缝材料的内部组分大多对光照、温度的敏感性较强,化学稳定较差,因此在实际工况下极易挥发、变质。工程实践表明[10-11],这类填缝材料通常在灌注后的不久时间内便出现明显的收缩、硬化、开裂、剥落等老化现象;更有甚者,在一些温差较大的地区,经过一个热冷循环后,填缝料便断裂失黏或被剥离挤出,丧失了原有的封缝效果,对路面维护及通行保障造成严重影响。目前虽然也有学者[12-15]通过外掺改性剂、相容剂、增黏剂等手段对这类材料进行了改性研究,使其力学、耐久性能得到一定程度的提高,但鉴于这些材料自身的固有不足,这类传统填缝料目前在道面接缝工程中已被逐步淘汰,现有研究主要集中在通过对这些材料进行二次改性,将其应用于沥青路面的裂缝修补(亦称灌缝修补材料)[16-18]。

1.2.1.2 新型填缝材料

近年来,以聚氨酯、聚硫、硅酮等高性能弹性高分子聚合物材料为代表的新型填缝材料广泛应用于道面接缝工程。聚氨酯类填缝料以聚氨基甲酸酯为主要成分,按其原料种类分为聚醚型和聚酯型两种,由于聚酯型聚氨酯的耐水解性能较差,故目前在道面接缝工程中普遍采用聚醚型聚氨酯。聚氨酯的分子结构中含有异氰酸酯基和羟基等强极性基团,这种结构特点使其在反应固化后具有优异的黏结变形性能及良好的耐油、耐磨和耐高低温性能。但是,由于聚氨酯弹性体在水中或潮湿环境下易发生降解,因此其耐湿热能力较差。同时,聚氨酯填缝料在长期日光辐照下容易粉化、变黄,这也对其耐久性能造成严重影响。聚硫类填缝料是由液态聚硫橡胶和金属过氧化物等经硫化反应聚合而成的。这类填缝料通常具备极佳的气密性、水密性、抗撕裂能力以及良好的耐腐蚀性、耐老化性和低温柔性。目前这类产品按其包装形式和流动性分为单组分型和双组分型，非下垂型和自流平型。鉴于单组分型固化较慢，非下垂型拉伸模量较高，因此在道面接缝工程中多选用双组分自流平型[19]。硅酮类填缝料由一系列具有不同相对分子质量的聚二甲基硅氧烷聚合而成，属有机硅氧化物聚合物。这类填缝料由于含有类似无机硅酸盐的硅氧键结构，其除了表现出良好的黏结、拉伸、耐高低温性以外，还具备突出的耐老化性和耐水性[19]。但是硅酮类材料的耐油性和抗嵌入性普遍较差，同时生产成本较高，从而在一定程度上限制了其使用范围。

总体而言，同传统填缝料相比，上述新型填缝料在弹性变形性、黏结性、耐老化性、环境适应性等方面均得到了明显提升。同时，这类材料大多在常温下便可完成施工固化，避免了因加热施工带来的不利影响。目前相关研究主要集中在以下几方面。

1. 针对新型填缝料制备、改性方面的研究

这方面研究的主要内容包括对目前常用高分子填缝料，特别是聚氨酯类和硅酮类填缝料的改性研究，同时还包括其他一些功能性填缝料的制备研究。就前者而言，所用改性方法主要是通过外掺各种改性助剂、填料，或者改变某些组分的含量及合成工艺等，进而改变填缝料的分子结构或分子链构型，使其性能得以进一步提高。国内外相关代表性研究如下：

（1）聚氨酯类填缝料。Chew M Y L[20]（2004年）将疏水性聚醚、硅烷以及一种高效干燥剂同抗氧化剂共混改性，制得了一种在湿热环境下具有良好位移变形能力的改性聚氨酯密封材料。吴蓁等[21]（2001年）以高相对分子质量聚醚多元醇为原料，采用一步合成法（预聚体合成和与填料混合同时进行）制备了一种具有良好黏结拉伸性能的单组分聚氨酯填缝料。邹德荣[22]（2003年）研究了不同填料种类及掺量对聚氨酯填缝料黏结拉伸性能的影响。李敬玮等[23]（2005年）通过调整基剂预聚体结构、异氰酸酯和羟基的摩尔分数以及复合固化剂的组分，制备了一种适用于道面接缝工程的双组分聚醚型聚氨酯填缝料。寿崇琦等[24-25]（2007年，2008年），郑美军等[26]（2012年）通过聚醚多元醇和有机硅共混以引入有机硅链段的方法，制备了一种有机硅改性聚氨酯填缝料，并对其各项力学、耐久性能进行了一系列测试。许林[27]（2013年）以丙烯酸羟乙酯和末端含有大量碳碳双键和少量羟基的超支化聚胺-酯为改性剂，制备了一种具有极强耐水性能的交联型聚氨酯填缝。李冬梅等[28]（2014年）以二苯基甲烷二异氰酸酯和自制聚醚为主要原料，制备了一种高弹性聚氨酯填缝料，经测试该种填缝料的断裂伸长率能达到983%。陈建国等[29]（2016年）通过正交试验设计，研究了预聚体含量与多元醇比例、填料用量和催化剂用量对聚氨酯黏结强度的影响，并根据相对最优配比制备了具有优

异黏结、耐水性能的双组分聚氨酯填缝料。此外,杨静等[30](2000年),毛宇[31](2003年),孙金梅等[32](2011年)也利用不同的基体原料、配方及合成工艺制备,得到了符合道面接缝工程使用要求的聚氨酯类填缝料。

(2)硅酮类填缝料。Chen M 等[33](2009年),Liu J S 等[34](2012年)分别制备了一种新型的自流平硅酮橡胶填缝料,测试了其在浸水、冻融循环、冷拉热压疲劳荷载等不同使用工况下的力学性能变化以及在多种腐蚀环境下的化学稳定性,发现该种材料具备优良的耐久性和环境适应性。王雯霏[35](2005年)通过在有机硅组分中引入聚氨酯预聚体,借助聚氨酯预聚体的极性基团,制备了一种表面可修饰的有机硅类填缝料,其表面涂覆性及黏结性较改性前有显著提高。邱泽皓等[36](2007年)从环保角度出发,研制了一种水分散性的单组分室温硫化有机硅填缝料,分析了不同交联剂种类对材料黏结性的影响。余澎[37](2009年)制备了一种具有优异的自流平性能的新型单组分脱羟胺型低模量硅酮填缝料。刘杰胜等[38](2012年)将硅烷偶联剂用于硅橡胶填缝料的增黏改性,结果表明,经改性后填缝料表干时间缩短,交联密度增大,黏结变形性能增强。徐古月等[39](2013年)公开了一种脱醇型高弹性有机硅填缝料的制备方法。

(3)其他新型填缝料及功能型填缝料。Helmut L 等[40](1999年),Loth H 等[41](2004年)制备了一种具有优异弹性恢复能力的聚丙烯酸酯类填缝料,通过调整共聚物、塑化剂以及填料所占的比例,该种材料可以表现出不同的弹性变形性能。Li G 等[42](2011年)通过掺入一种具有形状记忆功能的聚合物组分,制备了一种能够进行裂隙自修复的填缝材料,试验表明该材料在不同的周期预应力作用下表现出良好的形状恢复特性,能使其内部裂隙得以有效闭合。Sahin F 等[43](2015年)以外掺硼化物的方式制备得到了一种抗菌性优良的填缝材料,试验表明该种填缝料能够有效阻止多种微生物菌类的污染、腐蚀。杨学广等[44](2004年)以异氰酸酯为主要原料,制备了一种具有优异黏结性和耐老化性的单组分高分子填缝料。寿崇琦等[45](2005年)以液体聚硫橡胶、环氧树脂、聚酰胺树脂等为原料,制备了一种适用于机场道面接缝的聚硫类填缝料,并对其拉伸、耐高低温性能进行了测试。王硕太等[46](2010年),付亚伟等[47](2011年)基于"双阶交联"思想,通过在聚氨酯弹性体基体上引入聚硫橡胶的主要官能团,制备了一种兼具聚氨酯、聚硫橡胶优异性能的聚硫氨酯填缝料,经检测其综合性能要优于普通的硅酮类、聚硫类和聚氨酯类填缝料。

2.针对新型填缝料力学、耐久性能方面的研究

这方面研究主要是通过一系列室内试验,对目前各类商品填缝料在不同工况下的多种力学、耐久性能进行研究,分析其影响因素及变化规律。其中,力学性能包括黏结变形性、弹性恢复性和抗疲劳性等,耐久性能包括耐高低温性、耐水性、耐腐蚀性、耐老化性以及化学稳定性等。国内外相关代表性研究如下:

　　Al-Qadi I L 等[48](1995 年)研究了接缝宽度及冻融循环作用对填缝料在拉剪作用下破坏性能的影响。结果表明:接缝宽度越小,冻融循环次数越多,填缝料越易发生破坏。Khuri R E[49](1998 年)通过浸水、浸油、紫外线辐照处理以及循环加载试验,模拟研究了交通荷载及环境应力对硅酮填缝料和预制橡胶嵌缝条封缝效果的影响规律,同时,研究还发现了硅酮填缝料的油胀现象较为明显,而预先进行界面底涂能够显著增加硅酮填缝料的黏结性能。Gurjar A 等[50](1998 年)针对影响填缝料黏结强度的相关因素进行了系统研究。结果表明:养护温度及混凝土道面基材的制备方式对硅酮类填缝料黏结强度具有显著影响,而沥青类填缝料的黏结强度则受混凝土道面基材骨料种类的影响较大,同时,提高混凝土道面基材的温度有益于沥青类填缝料黏结性的增长。Chew M Y L[51](2003 年)通过溶胀试验、弹性恢复试验、循环拉压试验等手段,研究了各相关化学组分对聚氨酯密封材料在高温高湿环境下老化性能的影响。Park T S 等[52](2006 年)针对机场环境中高温尾喷气流和航油腐蚀的特点,对比、研究了三种市售填缝料(硅酮、聚硫、聚氨酯)的适用性。结果表明:在高温气流及航油腐蚀作用下,聚硫的力学稳定性最佳,聚氨酯和硅酮相对较弱;总体而言,跑道、滑行道等部位尾喷气流的作用大于航油腐蚀的部位,宜用硅酮类填缝料,而在停机坪等航油腐蚀严重的部位,宜用非硅酮类填缝料。Ding S H[53](2006 年)通过拉伸试验、硬度试验、热重分析及差热分析方法,研究了硅酮及聚氨酯填缝料在 80 ℃高温及紫外线辐射作用下的老化性能。结果表明:硅酮的耐久性能总体上要优于聚氨酯,且硅酮的耐紫外线性能相对较差,而聚氨酯则对高温老化更为敏感,分子结构的变化(如交联和断链)决定了填缝料在不同工况下的老化机理。Ding S H 等[54](2006 年)通过多种加速老化试验(高温、氙弧及紫外线暴露),研究了单组分丙烯酸酯填缝料的耐久性能及老化机理。结果表明:不同老化工况下,填缝料的力学性能与其老化时间具有较强的相关性,填缝料的老化破坏主要是由其分子结构改变以及分子链发生断链所致的。White C C 等[55](2010 年)研究了位移变化对硅酮填缝料在早期硬化过程中力学性能的影响,认为填缝料在硬化完成前的位移变化是影响其使用性能的重要因素。Dong E 等[56](2011 年)对一种自制的硅酮橡胶填缝料的黏结性、化学稳定性、温度稳定性以及抗疲劳性进行了研究。结果表明:该种填缝料在化学腐蚀和冻融循环作用下具有良好的黏结性能,且其抗疲劳性能为普通聚硫填缝料的 1.1~1.5 倍。White C C 等[57](2012 年)研究了填缝料在四种环境因素(周期性位移,温度、湿度、紫外线辐照)单独或协同作用下的耐久性能,并据此建立了相应的使用寿命预测模型。

　　刘晓曦等[58-59](2003 年,2008 年)对比分析了聚硫、硅酮、聚氨酯、丙烯酸酯四类填缝材料各自的性能特点,并对市售的上述四种填缝料样品进行了不同工况下的定伸、拉伸及弹性恢复试验。结果表明:硅酮填缝料耐油性能较差,丙烯酸酯填缝料弹性恢复率较低,聚氨酯填缝料的性价比相对最优,不同牌号的同类填缝料性能差异较大。陈国明等[60](2004年)对7种常温施工式填缝料进行了低温拉伸试验研究,并结合相关规范要求,建立了相应的低温性能评价体系。刘晓曦等[61](2006年)研究了聚氨酯和聚硫填缝料在常温及冻融循环处理后的拉剪疲劳性能。结果表明:填缝料的固化程度对其早期性能影响显著,聚硫填缝料的抗疲劳性能相对较优,适用于温差较大的地区。寿崇琦等[62](2007年)研究了不同界面状态(清洁界面、湿润界面、水泥浆处理界面和界面剂处理界面)对填缝料黏结性能的影响。结果表明:湿润界面易造成填缝料脱黏,底涂界面剂或者用溶剂稀释填缝料都有利于黏结强度的提高。寿崇琦等[63](2007年)对比研究了有机硅及聚氨酯填缝料在冷拉热压循环荷载作用下的抗疲劳老化性能。结果表明:有机硅填缝料由于硅氧键的存在表现出优异的耐老化性能,其黏结强度保持率能达到95%以上。孙坤君[64](2007年)对一种经石油沥青改性的聚氨酯类填缝料性能进行了系统研究,包括固化过程、黏结性、耐热老化性、抗冻性等,同时,对该种填缝料的性价比及在实际工程中的使用效果进行了分析和检验。刘晓曦等[65](2008年)研究了多种市售填缝料的固化速率以及固化程度对其早期变形性能的影响。结果表明:双组分类填缝料的固化速率最快;填缝料早期固化程度越低,弹性恢复性能越差。蔡文[66](2012年)对一种自制双组分聚氨酯填缝料以及多种市售填缝料的使用性能进行了一系列对比试验研究,并就其各自的性价比及使用范围进行了分析讨论。李化建等[67](2015年),刘波等[68](2015年)对现有硅酮类填缝料的性能特点、要求以及研究发展现状进行了综述,并对提高其黏结变形性和耐久性提出了相应的技术途径。

3.针对新型填缝料实际使用性能及施工工艺方面的研究

关于实际使用性能的研究主要是基于现场观测数据对多种填缝料的实际接缝工程的使用效果进行评估分析,包括其使用寿命、封缝效果、破坏类型、填缝料种类以及服役环境的影响等。关于施工工艺的研究则主要集中在灌入深(宽)度确定、背衬材料选择、灌入速率影响等填缝料施工过程中的关键技术问题上。国内外相关代表性研究如下:

Biel T D 等[69](1997年)研究了PVC煤焦油、橡胶沥青和硅酮三种填缝材料的长期使用效果。结果表明:填缝料自身的使用寿命与其封缝效果密切相关,硅酮的综合使用效果最好,同时,接缝的设计宽度不宜过大。Rogers A D 等[70](1999年)提出了一套基于黏结强度、黏弹性性能及剪切疲劳性能评估的综合试验方案,用以实际不同工况下填缝料种类的选择。Eacker M J 等[71](2000年)基于黏结、老化及抗嵌入性能测试,对多种市售填缝料的实际使用效果进行了分级评估。Lee S W[72](2014年)根据现场实测数据,研究了接缝宽度过大及接缝"冻结"(接缝宽度无明显改变)对填缝料实际封缝效果的影响。结果表明:当接缝宽度张开量大于预测值时,易引发黏结型破坏,而当接缝宽度不变时,甚至可以不进行填缝处理。Ioannides A 等[73](2004 年)观测、研究了多种硅酮填缝料、加热施工式填缝料以及预制嵌缝料在公路工程中的实际使用情况。结果表明:预制嵌缝料的使用效果总体较好,填缝料的施工质量对于其最终的封缝效果至关重要。Odum - Ewuakye B 等[74](2006 年)基于现场观测结果,对混凝土道面填缝材料的种类、特点、性能要求等进行了综述分析,同时针对不同地区环境及交通状况特点,提出了填缝料选用的合理步骤。McGraw J W 等[75](2007 年)介绍了一套现行的用于填缝料性能室内和现场评估的试验规程,并认为仅利用嵌入回弹性能表征填缝料现场使用性能的方法有待进一步改进。Mirza J 等[76](2013 年)观测研究了多种聚氨酯、聚硫、硅酮填缝材料在实际大坝工程中的使用效果,分析了每种材料的性价比,并对寒区坝体填缝材料的选用提出了相关建议。Neshvadian Bakhsh K[77](2014 年)系统研究了不同接缝类型、黏结面工况以及施工质量对多种填缝料封缝效果的影响,同时,基于室内试验及现场观测试验结果,建立了填缝料封缝效果同道面板出现错台破坏间的经验型预测模型。

王硕太等[78](2004 年),陈克鸿等[79](2006 年)根据填缝料受拉数值计算模型,研究了不同灌入深度和宽度对其受力状态的影响,在此基础上,结合国内外不同规范对填缝料灌入深度和宽度的要求,提出了其合理的取值范围。刘晓曦等[80](2006 年)在对多个新建和翻修机场的道面填缝材料使用状况进行了调研后,认为填缝料产生破坏的原因除材料自身性能和施工质量方面的原因外,不合理的接缝设计也是其中一个重要因素。蔺艳琴等[81](2008 年)介绍了一种自流平硫化填缝料的施工工艺,并对施工过程中背衬材料选择、灌入深度设计等技术问题提出了相关建议。寿崇琦等[82](2009 年)在实际道面接缝工程中将聚氨酯和硅酮两种填缝料进行了分层复合使用(下层灌入聚氨酯填缝料,上层灌入硅酮填缝料),该方法充分利用了两种填缝料各自的性能优势特点,取得了良好的封缝效果。李晶晶[83](2010 年)研究了温度作用下混凝土道面接缝张开量变化对填缝料使用性能的影响,并根据不同温度、湿度梯度下道面接缝张开量的计算,提出了基于气候分区的混凝土道面填缝料选用标准。马正军等[84](2013 年)提出了一种基于数字图像处理技术的混凝土道面填缝料损坏识别方法,该方法首先根据道面接缝的图像特征对其进行定位,而后根据破损填缝料图像上空隙相对宽度、相对位置等特征实现填缝料损坏的分类识别。魏浩辉[85](2015 年)结合工程实例就不同等级公路填缝料种类的选用提出了相关建议,同时对填缝料施工过程中扩缝、压条、浇注等关键步骤提出了相应的技术要求。此外,李海川等[86](2006 年),张相杰等[87](2007 年),朱应和等[88](2009 年),陈贺新等[89](2010 年),邢素芳等[90](2012 年)也都介绍了多种商品填缝料在实际道面接缝工程中的应用实例,并就其各自的性能特点、封缝效果、施工工艺及要求等进行了分析探讨。

4. 针对新型填缝料受力状态分析的研究

这方面研究主要通过理论计算和有限元模拟的方法,对填缝料在实际工况下的不同受力状态进行分析,确定其最不利受力状态及相关影响因素,进而为填缝料的性能优化、接缝的合理设计等提供一定的理论依据。国内外相关代表性研究如下:

Herabat P 等[91](2006 年)利用有限元方法模拟研究了不同温度、不同荷载形式及作用时间下填缝料的疲劳破坏机理,并结合实例分析,对填缝料的定期修补维护和重新灌注提出了相关建议。刘焱等[92](2005 年)采用大变形有限元方法,分析了道面填缝料在拉伸、剪切作用下的结构应力,建立了相应计算公式,并研究了不同宽深比、弹性模量及泊松比对填缝料最大结构应力的影响规律。谈至明等[93](2006 年)利用文献[92]中给出的填缝料结构应力计算公式,进一步建立了控制填缝料与混凝土槽壁剥落脱离的结构极限状态方程。结果表明:填缝料与混凝土槽壁间的剥落脱离破坏主要由剪切应力引起,其决定性因素为填缝料在低温与高速剪切状态下的材料劲度。王志军[94](2010 年)采用 ANSYS 软件分析了填缝料在道面板变形及行车荷载作用下的受力状态。结果表明:在道面板变形作用下,填缝料在下边缘中点位置的应力值最大,在行车荷载作用下,填缝料在直接受荷一侧的下部角点位置出现最大应力。孙艳娜等[95](2010 年)通过对填缝料剪切受力状态进行理论分析,得到了在普通车辆荷载作用下填缝料的剪切应变范围和剪切频率范围,并据此明确了填缝料复数剪切模量的测试条件为剪切应变 0.004 和剪切频率 2~50 Hz。周玉民等[96](2012 年)采用 1/4 车-地基梁耦合动力学模型,分析了车辆速度、道面板厚度、接缝宽度、地基阻尼系数等因素对填缝料剪切应变和剪切应变率基频的影响规律。结果表明:合理增加接缝宽度,提高接缝剪切刚度及地基阻尼可有效降低填缝料的剪切应变幅值,避免其发生失黏脱落破坏。李岚[97](2012 年)利用 ANSYS 软件分析了不同填缝料尺寸对其拉伸、压缩受力状态的影响规律。结果表明:填缝料宽深比越小,峰值拉(压)应力越大,当宽深比取 2∶1 时,填缝料的受力状态相对最优。王冬亚[98](2013 年)利用 ABAQUS 软件系统研究了不同移动荷载作用下道面填缝料的拉、剪应力状态。结果表明:填缝料所受最大拉(剪)应力与荷载移动速度有关,采用动荷载进行填缝料受力状态分析较采用静荷载更符合实际工况。

5. 针对新型填缝料性能测试方法的研究

实际工程中填缝料的现场使用效果往往难以预测分析,其中一个重要原因是目前对填缝料的性能测试仅局限于规范中要求的几个基本指标,缺少能够进一步准确模拟实际服役环境下的各种工况作用的相应室内试验方法。鉴于此,部分国内外学者就模拟各类实际工况作用的等效试验方法展开了一系列研究。相关代表性研究如下：

Al-Qadi I 等[99]（1999 年）研制了一种能够对填缝料施加循环剪切荷载和恒定水平荷载的试验装置，用以模拟实际工况中道面板缩胀和交通荷载的作用，在此基础上，研究了接缝位移、混凝土骨料种类，冻融循环等因素对填缝料疲劳性能的影响，建立了相应的失效预测模型。Soliman H 等[100]（2008 年）提出了两种用于评定加热式施工填缝料现场使用性能的试验方法，即在 −30 ℃ 环境中的拉压循环试验（用以测试材料的黏结性）和在 5~64 ℃ 环境中的动力剪切试验（用以测试材料的流变性）。通过与现场观测结果对比，认为上述两种室内试验方法能够在一定程度上代替现场试验。White C C 等[101]（2014 年）将一种应力松弛试验方法用于填缝料非线性黏弹性性能的评估，实现了对其表观模量随时间变化的监测，所得结果可作为填缝料出现失效破坏的前兆。Li Q 等[102]（2012 年）设计了一种用于填缝材料蠕变测试的试验装置，并研究了两种硅酮填缝料蠕变的温度敏感性（包括 0~60 ℃ 和冻融循环作用）。White C C 等[103]（2013 年）研制了一种能够独立控制环境温度、湿度、紫外线辐照量以及填缝料受力变形值的加速老化试验装置，该装置可以模拟多种环境因素对填缝料的共同作用，用以研究其长期耐久性能。Li Q 等[104]（2014 年）设计了一种能够计及不同温度、湿度、位移变化率影响的填缝料黏结强度测试方法，并利用该方法研究了不同工况下两种硅酮填缝料黏结强度的变化规律。

王进勇等[105]（2012 年）设计了一套能够检测道面填缝料封水性能的室内试验和现场试验方法，该方法以人工喷洒模拟降雨强度，以单位体积和时间内的渗水量表征填缝料的封水性能。王宝松等[106]（2012 年）通过对现有维勃稠度仪进行改装，研制了一种用于测试道面填缝料在拉剪循环荷载作用下抗疲劳性能的疲劳试验仪。孟旭等[107]（2014 年）针对现有填缝料高温流动度测试方法中存在的问题，对原测试装置进行了改进，设计了定位测量工作台，并对所用铜模和镀锡板的规格进行了统一规范。

1.2.1.3 填缝材料性能要求及相关标准

实际工程中，设计人员及施工单位对于填缝料的选用、施工质量以及封缝效果的评测主要依据相关标准进行。目前，国内外已相继颁布了多个关于混凝土路面接缝及建筑接缝填缝材料的标准（见表 1.1），其中个别标准对机场道面接缝填缝材料的性能也提出了专门的要求。但是，受不同填缝料种类和目标工况等因素影响，这些标准对填缝材料的分级分类方法、具体性能指标要求等尚存在一定差异，导致在进行填缝料品种选用及性能评价时随意性增大。同时，随着各种新型填缝材料的出现及其服役环境的日趋复杂化，实际工程对填缝材料性能的要求也更加全面和细致，上述标准规范的适用性逐显不足。

表 1.1　混凝土路面接缝及建筑接缝填缝材料相关标准

序号	标准编号	标准名称
1	ISO/DIS 11600—2000	Building Construction-Sealants-Classification and Requirements
2	Fed. Spec. SS－S－200E—1993	Sealing Compounds, Two-Component, Elastomeric, Polymer Type, Jet-Fuel-Resistant, Cold Applied
3	BS 5212－1—1990	Cold Applied Joint Sealant Systems for Concrete Pavements
4	ASMT D 5893—2004	Standard Specification for Jet-Fuel-Resistant Concrete Joint Sealer, Hot-Applied ElasticType
5	JC/T 881—2001	混凝土建筑接缝密封胶
6	GB/T 13477—2002	建筑密封材料试验方法
7	JT/T 589—2004	水泥混凝土路面嵌缝密封材料
8	JC/T 976—2005	道桥嵌缝用密封胶标准
9	GB/T 22083—2008	建筑密封材料分级与要求
10	JT/T 203—2014	公路水泥混凝土路面接缝材料

以下从分类方法和性能指标两个方面对现有主要相关标准的内容及特点进行综述。需要说明的是,由于目前在高速公路、机场等高等级工程中传统的加热施工式填缝料已被逐步淘汰,一些新的热用填缝料产品亦尚未得到推广,故此处仅就常温施工式填缝料的相关标准内容进行论述。

(1)分类方法。ISO/DIS 11600—2000 根据使用功能不同将建筑接缝填缝料分为两类,即 F 类(用于建筑结构)和 G 类(用于嵌装玻璃)。其中,F 类填缝料虽针对建筑结构,但其相关标准要求可供路用接缝类填缝料参考。根据适应接缝位移变化能力的不同,F 类填缝料可分为 25 级、20 级、12.5 级和 7.5 级四个级别(相应的数字表示能够适应的位移能力),而根据拉伸模量及弹性恢复率的不同,25 级和 20 级填缝料又可分为低模量(LM)和高模量(HM)两个次级,12.5 级又可分为弹性(E)和塑性(P)两个次级。这种按位移变形能力的分类方法由于反映了填缝材料在实际工程中所需的主要性能,故在我国多个相关标准中得以沿用,是目前填缝材料产品种类划分的主要依据。此外,Fed. Spec. SS－S－200E—1993 根据填缝料硬化速率的不同将其分为快速硬化(机械施工)和慢速硬化(人工施工)两类,BS 5212－1—1990 按照填缝料的抗油抗燃性能将其分为普通型(N)、抗油型(F)和抗油抗燃型(FB),JC/T 881—2001 和 JC/T 976—2005 根据填缝料包装形式及流动性的不同增加了单组分与多组分、非下垂型与自流平型的类型划分。

(2)性能指标。ISO/DIS 11600—2000 针对 20 级以上的填缝材料共提出了 7

项性能指标,即弹性回复率,拉伸模量,高温体积变化率,下垂度以及在常温下、变温下和浸水后的定伸黏结/内聚性。上述性能指标在一定程度上反映了实际工况下填缝材料所应满足的性能要求,对填缝材料的质量具有较好的控制作用。Fed. Spec. SS‑S‑200E—1993针对机场道面接缝填缝料提出了10项性能指标,即流平性、弹性恢复率、定伸黏结/内聚性(常温、浸水、浸油)、高温体积变化率、高温流动性、抗燃性、浸油质量变化率、耐热老化性、耐风化性以及长期存放稳定性。这10项指标基本涵盖了机场道面接缝填缝料的主要性能,特别是其中的3项耐高温指标、2项耐油指标以及1项耐燃指标反映了机场环境使用特点,能够有效控制填缝料的长期耐久性能。BS 5212‑1—1990针对道面接缝填缝料也提出了10项性能指标,其内容与 Fed. Spec. SS‑S‑200E—1993所述基本类似,只是在具体表述及试验要求方面有所区别。

在 ISO/DIS 11600—2000颁布前,国内标准对填缝料性能指标的要求相对简单且不甚合理,对填缝材料质量影响较大的关键技术指标(如黏结/内聚性、耐高温老化性、耐水性等)没有被列入,适用性较差。在 ISO/DIS 11600—2000颁布后,后续的国内相关标准基本对其性能指标要求进行了沿用,并在此基础上补充了个别与填缝材料灌入施工及耐久性有关的指标。例如,JC/T 881—2001增加了反映填缝料施工性能的流动性、挤出性指标以及反映填缝料耐温度老化性能的冷拉‑热压指标和高温质量损失率,JC/T 976—2005在 JC/T 881—2001的基础上又补充了对填缝料表干时间和高温后硬度变化的要求。

机场道面接缝填缝料应满足的性能要求与公路路面接缝填缝料基本类似。王硕太等[1](2003年)在综合对比国内外相关标准及试验研究的基础上,提出了我国机场道面填缝材料应满足的8项性能指标,包括流平性、弹性恢复率、拉伸模量、浸水后定伸黏结性、浸油后定伸黏结性、冷拉‑热压后黏结性、高温质量损失率以及抗燃性。袁捷等[108](2016年)在文献[1]要求的基础上又进一步补充了4项性能指标,即表干时间、−10 ℃拉伸量、初始锥入度及浸油后质量变化率。除此以外,考虑到实际机场环境紫外线辐照强、机轮荷载大、除冰液腐蚀作用明显等特点,在今后标准制定、修订过程中还应补充相应的技术指标要求对填缝料质量进行控制。

1.2.2　聚合物水泥复合材料研究应用现状

聚合物水泥复合材料是以具有胶结性的聚合物、水泥、水、骨料和各种外掺助剂为主要原料,经成膜硬化后形成的一类高性能有机无机复合材料[5]。这类材料兼具水泥基材料耐久性好、性价比高、环境污染小以及有机聚合物材料柔韧性好、黏结性强、抗拉强度高等特点,具有极好的技术性能优势。用于聚合物水泥复合材料中的聚合物按其类型主要分为聚合物乳液、可再分散乳胶粉和液体聚合物三类。其中,聚合物乳液是由微米级大小的各种高分子聚合物颗粒均匀分散于水中而形成的一种稳定水分散体,其种类主要取决于聚合物原料单体的选择和组分的变化;可再分散乳胶粉由聚合物乳液通过喷雾干燥方法制得,其在加水分散后能重新形成聚合物乳液并具备与原合成乳液相同的化学性能;液体聚合物主要为常温下以黏流态形式存在的各种液体树脂。此外,还有一类水溶性聚合物水分散体也常用于水泥基材料的改性,包括聚羧酸盐、聚丙烯酰胺以及各类纤维素等。这类聚合物多用作减水剂、增稠剂、流平剂等功能性外加剂,虽然也能对水泥基材料的性能起到良好的改善作用,但由于其胶结性能很低且改性机理有别于上述几类聚合物,故由其所制备的复合材料通常不归为聚合物水泥复合材料[5]。总体而言,通过调整聚合物组分的含量,利用其表面活性、憎水性、黏结性、柔韧性、填充性等功能特性,可使原有水泥基材料的工作性能、抗弯拉性能、耐久性能等得到显著改善。近年来,聚合物水泥复合材料已在结构修补、防水、保温隔热、建筑胶黏剂、新型地坪材料等领域得到了广泛应用和迅速发展。

聚合物水泥复合材料按所含骨料不同分为聚合物水泥浆料、聚合物水泥砂浆和聚合物水泥混凝土。按其用途不同又可分为各类功能性砂浆(混凝土)、建筑涂料和建筑胶黏剂等。本书在此对聚合物水泥复合材料按照聚合物组分所占质量比例的大小以及材料整体表现出的刚柔性将其分为两类,即低聚合物含量的刚性聚合物水泥复合材料以及高聚合物含量的柔性聚合物水泥复合材料。以下分别就这两类聚合物水泥复合材料的研究应用现状进行综述分析。

1.2.2.1 刚性聚合物水泥复合材料

低聚合物含量的刚性聚合物水泥复合材料其内部胶凝相以水泥基组分为主,聚合物组分主要起复合改性的作用,通常聚灰比(聚合物组分与水泥组分的质量比)不超过 30%。这类材料虽然较普通水泥基材料在韧性、抗弯折性能方面有一定程度的提高,但材料整体仍呈现出刚性特征,故通常也称其为各种聚合物改性砂浆或混凝土。目前这类刚性聚合物水泥复合材料的应用方向主要为各类功能性砂浆,其主要做法是通过外掺各类聚合物使材料的施工性、黏结性、耐久性等得到改善,进而满足各种使用环境需求。现有研究主要集中在不同聚合物种类、配比参数、养护条件、成型方法等对材料流动性、黏度、凝结时间、力学强度、干缩性、抗渗性、抗冻性以及其他一些特殊性能(如导电性、自愈合性等)的影响。以下为国内外相关代表性研究。

1. 聚合物乳液-水泥复合材料

Afridi M U K 等[109](1995 年)研究了多种聚合物乳液对水泥砂浆保水性能及黏结强度的影响。结果表明:聚合物组分的加入提高了砂浆的保水性和拉伸黏结性,但其增幅与聚合物种类和掺量有关,当聚合物掺量增大时,砂浆的黏结破坏形式由界面破坏转变为材料和基材的内聚破坏。Ohama Y[110](1997 年),Ma H 等[111](2013 年)和 Ohama Y[112](1998 年)对适用于水泥砂浆和混凝土改性的聚合物材料进行了综述分析,详细阐述了每种聚合物改性材料的制备方法、优缺点、改性机理以及各自对改性砂浆和混凝土工作、力学、耐久和在实际工程中的应用等多方面性能的影响。Mirza J 等[113](2002 年)研究了多种丁苯橡胶和丙烯酸酯聚合物改性修补砂浆的力学和使用性能,包括与基材的热相容性、干缩性、抗渗性、耐磨性、抗冻性、黏结强度和抗压强度。结果表明:经聚合物改性后砂浆的总体性能得到提高,就其修补使用效果而言,砂浆与基材的热相容性、干缩性和抗渗性最为重要。Zhong S 等[114](2002 年)研究了丁苯乳液、苯丙乳液及氯偏共聚乳液共混对改性砂浆抗压、抗折强度以及氯离子渗透性能的影响。结果表明:丁苯乳液与苯丙乳液对改性砂浆具有协同效应,而丁苯乳液与苯丙乳液同氯偏共聚乳液之间则具有反协同效应;此外,混合乳液聚合物涂膜的拉伸性能同改性砂浆的抗压强度和氯离子渗透性相关性较强,而与抗折强度的相关性较弱。Al-Zahrani M M 等[115](2003 年)对比研究了多种普通砂浆和聚合物乳液改性砂浆的耐久性能。结果表明:同普通砂浆相比,聚合物改性砂浆的氯离子渗透性无明显变化,但其电阻率却显著提高,且开裂风险降低,同时,其抗碳化性能与所用聚合物种类有关。Pascal S 等[116](2004 年)通过抗压试验及三点弯曲试验,研究了不同聚灰比的丁苯乳液改性砂浆的力学性能。结果表明:随着聚灰比的增大,砂浆的抗压强度和弹性模量减小,韧性增大,抗折强度随聚灰比先增大后减小,聚合物的掺入对于改善砂浆内部的初始损伤裂隙具有积极作用。Almeida A E F D S 等[117](2007 年)研究了苯丙乳液改性瓷砖黏结砂浆的黏结强度及微观形态。结果表明:经聚合物改性后,砂浆内部的平均孔径减小,黏结界面密实度提高,黏结强度增大。Ribeiro M S S 等[118](2008 年)研究了不同聚灰比及养护时间对丁苯乳液改性水泥砂浆性能的影响。结果表明:随着聚灰比的增大,同未改性砂浆相比,改性砂浆的抗折、抗拉强度增大,且差距随着养护时间的增长逐渐变大,而抗压强度的变化则刚好相反,微观层面上丁苯乳液的掺入导致 $Ca(OH)_2$ 晶体生长受阻,骨料-基体界面处的裂隙密度减小。Maranhão F L 等[119](2009 年)研究了不同使用环境下聚合物改性黏结砂浆的长期使用性能。结果表明:同户外暴露工况相比,砂浆在室内环境下的变形能力及黏结强度较大。Geetha A 等[120](2012 年)研究了聚合物防水组分对钢筋混凝土构件抗腐蚀性能的影响。结果表明:在加速腐蚀作用下,聚合物组分的存在能够有效提高构件的抗折强度及抗渗性,并减少其由于腐蚀造成的质量损失。Lho B C 等[121](2012 年)研究了蒸压养护工况、聚合物和矿渣掺量对丁苯乳液改性混凝土性能的影响。结果表明:经丁苯乳液和矿渣的双重改性后,混凝土的抗压、抗拉强度明显增大,孔隙体积略有减小,蒸压养护对丁苯乳液膜结构无明显破坏作用。Ukrainczyk N 等[122](2013 年)以 Li_2CO_3 为催化剂,制备了丁苯乳液改性铝酸盐水泥砂浆。试验结果表明：加入少量的 Li_2CO_3 能够减小丁苯乳液对铝酸盐水泥水化反应的延缓作用，砂浆经改性后抗压强度及渗透性减小，抗折强度及工作性能提高，内部开孔数量降低。Kong X M 等[123]（2013 年）以一种带有磁性的丙烯酸酯乳液为改性原料，通过在成型过程中引入磁场力的作用，制备得到了内部聚合物组分呈梯度分布的改性砂浆。结果表明：当聚合物掺量较少时，该种砂浆能在磁场力作用一侧形成富含聚合物组分的区域，使得改性砂浆在该侧的抗渗性及抗折强度显著提高，进而达到了在不损失改性效果的前提下降低成本的目的。Muthadhi A 等[124]（2014 年）研究了丁苯乳液改性混凝土的高温性能。结果表明：高温对改性混凝土抗压强度的影响同聚合物掺量以及养护时长有关，同时，常温时由于聚合物膜的吸附造成 $Ca(OH)_2$ 含量较少，而经高温作用后，由于聚合物膜的破损造成 $Ca(OH)_2$ 含量较多。Soufi A 等[125]（2015 年）从水分迁移的角度系统研究了乙基丙烯酸酯和苯乙基丙烯酰胺共聚物对改性修补砂浆耐久性指标的影响，包括孔结构、渗透性、毛细吸水性以及氯离子扩散性等。结果表明：当共聚物含量达到一定程度时，砂浆的微结构得以密实细化，耐久性提高明显。Senff L 等[126]（2015 年）通过掺入一种高吸水性树脂聚合物颗粒，制备得到了一种具有优异抗干缩性能和抗裂性能的高性能聚合物改性砂浆，并对其流变性、吸湿性、水化程度、力学以及耐久性能进行了相关研究。

宋俊美等[127]（1999 年）采用聚合物裹砂工艺制备了苯丙乳液和丁苯乳液改性水泥砂浆，测试了其流动性、抗冻性及抗压强度的变化。结果表明：同普通搅拌工艺相比，采用聚合物裹砂工艺制得的改性砂浆在抗压强度和抗冻性方面得到明显提升，丁苯乳液可以有效改善新拌砂浆的流动性。钟世云等[128]（2000 年）研究了三种聚合物乳液（丁苯乳液、氯偏乳液、氯丁乳液）改性水泥砂浆的抗压、抗折强度及氯离子渗透性能。结果表明：掺入丁苯乳液和氯偏乳液能够降低水泥砂浆的氯离子渗透性；随着聚灰比的增大，三种改性砂浆的抗折强度不断增大，抗压强度先增大后减小。李祝龙等[129]（2000 年）研究了丁苯乳液改性水泥混凝土的断裂性能及其断面分形特征。结果表明：随着聚灰比的增大，改性混凝土的断裂韧度及应变能释放率提高，断面分维值增大，断面分维值与断裂韧度和应变能释放率间具有较好的线性关系。方萍[130]（2001 年）研究了苯丙乳液改性水泥净浆的声学、力学特性。结果表明：在 0～0.25 的聚灰比范围内，材料的抗压强度随聚灰比不断减小，抗折强度不断增大，声阻率则先增大后减小。夏振军等[131]（2001 年）研究了不同养护方式对丁苯乳液改性水泥砂浆力学性能的影响。结果表明：在达到同一抗压、抗折强度水平时，乳液掺量越大，试件所需的湿养时间越短，当乳液掺量达到一定值时则无需进行湿养。钟世云等[132]（2002 年）研究了单体比例对苯丙乳液改性水泥砂浆抗渗性的影响。结果表明：增大乳液中丙烯酸丁酯的含量有利于提高改性砂浆的抗渗性，苯乙烯含量越大，改性砂浆的干缩率越大。刘琳等[133]（2004 年）制备了聚灰比在 0~0.015 范围内的硅丙乳液改性水泥砂浆,研究了其工作性能、和易性、吸水性以及抗压、抗折强度随聚灰比的变化规律。钟世云等[134](2004 年)研究了纯丙乳液、苯丙乳液和丁苯乳液改性水泥浆料的可灌性、黏结性和干缩性。结果表明:在黏度相同的条件下,改性浆料的可灌性和黏结性显著提升,而其干缩性能则与乳液种类有关。李祝龙等[135](2005 年)对两种丁苯乳液改性水泥砂浆的耐久性能进行了系统研究,包括劈裂黏结性、耐磨性、耐腐蚀性、干缩性、抗渗性和抗冻性等,试验结果证实了聚合物乳液对水泥砂浆耐久性的改善作用。杨正宏等[136](2006 年)制备了一种丁苯乳液改性硫铝酸盐水泥修补砂浆,测试了其抗压、抗折、黏结强度及耐磨度随乳液掺量和灰砂比的变化规律,得到了一组适用于路面修补的相对最优配比。黄月文等[137](2006 年)研究了一种改性苯丙共聚物乳液对水泥砂浆减水率、强度和耐水性的影响。结果表明:该种乳液具有明显的减水效果,能够有效提升改性砂浆的抗压、抗折和拉伸强度并降低其吸水性。任秀全[138](2007 年)系统研究了 5 种不同玻璃化温度的聚合物乳液对水泥砂浆力学性能的改性效果,同时分析了流变剂、消泡剂、短切纤维以及超细矿物掺料对改性砂浆工作性能、强度、抗裂性的影响。熊剑平等[139](2008 年)研究了成型方法、养护方式、环境条件等施工控制因素对丁苯乳液改性水泥混凝土路用性能的影响。结果表明:为达到最佳力学性能,改性混凝土应采用特定的投料搅拌方式并适当延长振动时间,其最佳养护方式亦随聚合物含量的不同而改变,当施工温度较高或风速较大时,改性混凝土的摊铺流动性降低且硬化后易开裂。梅迎军等[140](2009 年)通过轴向拉拔及界面剪切试验研究了丁苯乳液改性水泥砂浆与旧水泥基体界面间的黏结强度。结果表明:当乳液掺量超过一定范围时,改性砂浆与水泥基体间的黏结强度明显增大,这主要是由于改性砂浆的孔隙数量及收缩变形减小。徐洪涛[141](2009 年)研究了消泡剂种类、偶联剂添加方式以及界面粗糙度对多种聚合物乳液改性水泥砂浆黏结性能的影响。结果表明:消泡剂与聚合物乳液存在相容性问题,涂刷偶联剂或增大基体界面的微细观粗糙度可以有效提升改性砂浆的黏结强度。钟世云等[142](2010 年)研究了投料顺序对苯丙乳液改性水泥砂浆力学性能的影响。结果表明:同后掺法(先加入水搅拌,再加入乳液搅拌)搅拌工艺相比,同掺法(搅拌时同时加入水和乳液)搅拌工艺更为简单且所制得改性水泥砂浆的综合力学性能更好。申爱琴等[143](2010 年)利用苯丙乳液和超细水泥制备了一种聚合物改性裂缝修补浆料,并对其黏度、凝结时间、力学性能、裂缝黏结性、收缩性以及耐久性等进行了系统的试验研究。史邓明[144](2011 年)制备了一种聚丙烯纤维增强丁苯乳液改性砂浆,并将其用于旧混凝土结构的饰面修补,取得了良好的工程效果。李梦怡[145](2011 年)对比研究了乳化沥青、氯丁乳液和苯丙乳液对新拌水泥砂浆密度、含气量、流动性、凝结时间等施工性能的影响,同时测试了三种改性砂浆在 28 d 和 90 d 的抗压、抗折强度,分析了养护龄期对其强度变化的作用机理。徐晓雷[146](2012年)通过理论分析、室内黏结试验以及有限元模拟、系统研究了聚合物乳液改性水泥混凝土路面结构的受力特点,并对设置调平层时的面层厚度取值及界面黏结方式提出了相应的建议。农金龙[147](2014年)制备了多种聚合物乳液(胶粉)改性黏结砂浆,并通过斜剪、直剪、弯曲及轴向拉伸试验,着重研究不同养护制度、龄期、黏结方法、黏结基材等因素对丁苯乳液改性黏结砂浆的影响规律及作用机理。柳嘉伟[148](2016年)通过外掺醋酸乙烯-乙烯共聚乳液(VAE乳液)改性制备了一种改性水泥基防锈涂料,并通过握裹力试验、盐雾试验、电化学试验等研究了改性涂料的黏结性能及抗锈蚀能力。张二芹等[149](2016年)研究了不同聚合物乳液掺量对混凝土抗碳化性能的影响,建立了适用于聚合物改性水泥混凝土碳化深度模型。

2.可再分散乳胶粉-水泥复合材料

Sakai E等[150](1995年)研究了VAE乳胶粉对水泥砂浆力学性能及微观形态的影响。结果表明:在0~0.2的聚灰比范围内,聚合物改性砂浆的抗压强度逐渐减小,抗弯强度先增大后减小,上述力学性能的改变主要与聚合物粒子的增强效应和其凝聚所成的膜结构有关。Schulze J[151](1999年)研究了水灰比及水泥含量对苯丙乳胶粉改性水泥砂浆力学性能的影响。结果表明:水灰比的减小导致改性砂浆抗压强度、黏结强度和抗折强度增大,且对抗折强度的影响在潮湿养护工况下更为明显,在乳胶粉掺量不变的条件下,其对砂浆力学性能的影响随水灰比的增大而减弱。Schulze J等[152](2001年)研究了三种商品乳胶粉改性砂浆在经历10 a长期暴露后的性能变化。结果表明:不论室外暴露还是室内暴露,随着暴露时间的增长,三种改性砂浆性能保持稳定,相应的黏结、抗压及抗折强度均有所增大,其内部聚合物组分形态无明显变化。Jenni A等[153](2005年)研究了纤维素醚、聚乙烯醇以及多种可再分散乳胶粉对瓷砖黏结砂浆微观结构和黏结强度的影响。结果表明:水溶性聚合物和乳胶粉共同形成的聚合物膜结构是砂浆黏结强度提高的主要原因。Medeiros M H F等[154](2009年)研究了VAE和丙烯酸乳胶粉对水泥修补砂浆力学性能的影响。结果表明:聚合物组分不但能够提高砂浆的抗压、抗拉、黏结强度,而且还能减弱不良养护环境造成的负面影响。Park D等[155](2011年)研究了可再生乳胶粉改性修补砂浆的吸水特性,并通过有限元分析建立了修补砂浆溶胀应力和约束应力的预测公式。

肖力光等[156](2002年)对比、研究了多种可再分散乳胶粉改性水泥砂浆的干缩性能。结果表明:在相同聚灰比下,可再分散乳胶粉改性砂浆的干缩率同聚合物乳液改性砂浆相比较大。赵勇等[157](2003年)将一种经有机硅改性的可再分散乳胶粉用于水泥腻子的制备,所得材料的憎水性、抗渗性、透气性及施工性均得以显著提高。孙继成[158](2004年)利用正交试验方法,系统研究了不同水灰比、聚灰比、外加剂种类对聚丙烯酸酯乳胶粉改性水泥砂浆工作、力学和耐久性能的影响，并通过一系列微观测试分析了相应的改性机理。王培铭等[159]（2005 年）研究了乙烯基共聚物乳胶粉对水泥砂浆力学性能的影响。结果表明：在一定聚灰比范围内，胶粉的掺入导致改性砂浆抗折、黏结强度增大，抗压强度、弹性模量减小，压折比降低。袁国卿[160]（2010 年）对比、研究了可再分散乳胶粉改性水泥砂浆同水泥基材和 EPS 基材间的黏结性能，得到了相应的最佳胶粉掺量。彭家惠等[161]（2011 年）研究了可再分散乳胶粉对特细砂干混砂浆和易性及抗裂性的改善作用，测试了不同胶粉掺量下改性砂浆的稠度、保水率以及断裂能等。胡玲霞等[162]（2012 年）通过复配有机硅烷粉末及可再分散乳胶粉，制得了一种憎水型贴面饰材勾缝水泥砂浆。试验结果表明：掺入 1.5‰的有机硅烷粉末并选用低玻璃化温度的乳胶粉，可以有效改善改性砂浆的透水性、泛碱性以及黏结强度。赵丽杰[163]（2012 年）研究了可再分散乳胶粉改性水泥砂浆的柔韧性表征方法。结果表明：随着胶粉掺量的改变，保水率和弹性模量的变化趋势与压折比相同，在一定范围内可用作改性砂浆柔韧性的表征指标。王培铭等[164]（2014 年）研究了养护温度（0～20 ℃）对 VAE 乳胶粉改性水泥砂浆黏结强度的影响。结果表明：改性砂浆的拉伸黏结强度随养护温度的降低而减小，高低温循环养护对拉伸黏结强度无明显影响。南雪丽等[165]（2016 年）制备了可再分散乳胶粉改性快硬水泥砂浆，分析了不同聚灰比对其抗冻性、抗渗性能的影响规律及改善机理。

3.液体聚合物水泥复合材料

Hasegawa M 等[166]（1995 年）以疏水性的酚醛树脂为前驱体，制备得到了一种具有高抗折强度（120～220 MPa）和高耐水、耐高温作用的聚合物改性水泥基复合材料。Saccani A 等[167]（1999 年）研究了环氧树脂改性水泥修补砂浆的力学和耐久性能。结果表明：该种砂浆对表面光滑、少孔的基材具有较好的黏结性能；冻融循环作用后，砂浆抗拉强度降低，黏结强度基本保持不变。Bhutta M A R[168]（2010 年）制备了不含硬化剂的环氧树脂改性水泥砂浆，研究了不同聚灰比和加速养护对其性能的影响。结果表明：聚灰比的增大及蒸压养护均有助于改性砂浆抗压、抗折强度的提高，但聚灰比对其黏结强度作用不明显，蒸压养护促进了环氧树脂在碱性环境中的硬化反应。Ariffin N F 等[169]（2015 年）制备了环氧树脂改性水泥砂浆并测试了其相关力学性能及物质成分组成。结果表明：环氧树脂的加入对砂浆的工作性能具有一定的负面影响，但能够显著提高其各项力学性能指标且存在一个相对最佳掺量，同时，由于环氧树脂能够与水化生成的 OH^- 离子发生反应，因而该种砂浆不需加入硬化剂，最佳养护方式为先湿养再干养。

王涛等[170]（1996 年）利用三种不同稳定性及粒径大小的环氧树脂乳液制备了环氧树脂改性水泥砂浆，并进一步研究了聚灰比及养护条件对其抗折强度的影响。

结果表明:乳液对 OH^- 和 Ca^{2+} 的稳定性越好,乳液颗粒越小,改性砂浆的抗折强度越高;聚灰比和养护条件主要通过改变水泥水化程度和材料的孔结构进而影响改性砂浆的力学性能。王歌[171](2012 年)制备了一种环氧树脂乳液改性水泥浆料,测试了其疏水性及与岩体间的结合强度,并将其用于实际的软岩边坡固化工程。刘宇[172](2012 年)采用自由基接枝改性的方法,制备了自乳化水性环氧树脂并将其用于水泥混凝土改性,分析了不同聚灰比、养护方式及固化剂对改性混凝土强度和吸水性的影响规律。胡敢峰[173](2016 年)将一种采用相反转法制备的高稳定性环氧树脂乳液用于水泥砂浆改性,并研究了不同掺量乳液的减水效果以及乳液掺量对水泥水化速度、砂浆凝结时间、吸水率等方面的影响。

1.2.2.2　柔性聚合物水泥复合材料

高聚合物含量的柔性聚合物水泥复合材料其内部胶凝相以聚合物组分为主,各类无机组分及其间隙基本上被聚合物连续相所包裹和填充。由于内部聚合物组分含量的增大,这类材料整体上呈现出明显的柔性特征,并且具备优良的拉伸变形和黏结性能。目前这类柔性聚合物水泥复合材料的研究应用方向主要集中在聚合物水泥防水涂料上,同时还有柔性腻子(砂浆)、密封膏等其他产品形式。聚合物水泥防水涂料(简称 JS 防水涂料)是以聚合物乳液(或乳胶粉)和水泥为主要原料,外掺其他填料及助剂制得的一类水性防水涂料。这类涂料综合了聚合物涂膜变形性好、防水性强、水硬性材料强度高以及易与潮湿基层黏结的优点,克服了传统高分子柔性防水涂料相容性差、易老化以及刚性防水材料变形能力不足的缺点[174]。现有研究主要集中在各类 JS 防水涂料的制备以及不同原料配比、制备工艺、使用工况等对其拉伸、黏结、变形性能的影响上。总体而言,柔性聚合物水泥复合材料以其高变形性、高黏结、高耐久和低污染等性能特点,在未来建筑工程领域具备广阔的发展应用前景。以下为国内外相关代表性研究。

Yu J G 等[175](2002 年)公开了一种高弹性 JS 防水涂料的制备工艺,该种防水涂料对潮湿基层界面具有优异黏结性。Do J 等[176](2003 年)研究了高聚灰比(0.5 和 0.75)聚合物改性自流平地面装饰砂浆的工作及力学性能,所用聚合物包括丁苯乳液、聚丙烯酸酯乳液和苯乙烯丙烯酸丁酯乳液。结果表明:改性砂浆的稠度变化与所用聚合物的种类有关,聚丙烯酸酯乳液改性砂浆的拉伸黏结强度相对最高,苯乙烯丙烯酸丁酯乳液改性砂浆的抗裂性最好。Tsukagoshi M 等[177](2010 年)研究了不同养护湿度对 JS 防水涂料涂膜抗拉性能的影响,并根据电子探针微量分析试验的观测结果,建立了涂膜内聚合物组分失水成膜的数值模型。Xiao Y P 等[178](2012 年)研究了多种 JS 防水涂料涂膜的拉伸性能、吸水性能以及微观组织结构。Diamanti M V 等[179](2013 年)研究了两种高聚灰比(0.35 和 0.55)丙烯酸改性水泥涂料的吸水、抗渗性能。结果表明:该种改性涂料一方面能够有效降低水分及氯离子的渗透,另一方面则具有良好的透气性。Xue X 等[180](2015 年)以苯丙乳液和水泥为主要基材,通过引入功能型单体进行乳液交联改性,制备得到了一种具有良好拉伸、黏结、抗渗性能的防水涂料,该种材料性能的提升主要源自聚合物乳液分子链的相互交联以及 Ca^+ 的桥接作用,后者造成有机无机互穿网络结构的形成。

董峰亮等[181](2001 年)以混掺的纯丙乳液、苯丙乳液和 VAE 乳液作为聚合物组分制备了 JS 防水涂料,研究了不同水泥品种、聚灰比、养护龄期和增塑剂掺量对涂膜拉伸性能的影响。李应权等[182](2002 年)通过外掺一种特殊成分的增塑剂对 JS 防水涂料进行改性,使其在较低聚灰比下仍能保持较高的弹性并表现出更为优异的耐水、耐候、耐碱和耐温性能。张智强等[183](2002 年),董松[184](2002 年)利用苯丙乳液和 VAE 乳液分别制备了 JS 防水涂料,系统研究了不同配比参数及原料种类对新拌涂料物理性能、涂膜拉伸及耐久性能的影响规律。董峰亮等[185](2002 年)研究了聚灰比对 JS 防水涂料拉伸性能、低温柔性及吸水率的影响。结果表明:随着聚灰比的增大,涂膜拉伸强度减小,断裂伸长率增大,低温柔性增强,吸水率降低。张松[186](2004 年)针对 JS 防水涂料拉伸强度测试过程中的设备及人为误差,分析、计算了其对测试结果造成的不确定度。张金安[187](2004 年)以纯丙乳液、水泥、活性工业废渣、自制的复合增塑剂以及干燥促进剂等为原料,制备了一种具有优异低温柔性(−35 ℃)的聚合物水泥防水涂料。周虎[188](2004 年)通过外掺交联剂、有机蒙脱土及纳米二氧化硅等实现了对苯丙乳液 JS 防水涂料的一系列改性,使得涂膜的力学耐久性能得到显著提高。其具体机理:三聚氰胺甲醛树脂交联剂提高了乳液的交联程度,有机蒙脱土与苯丙乳液构成了具有强阻隔效应的片层复合结构,经聚乙二醇接枝改性的纳米二氧化硅能在涂膜内部形成均匀分散的纳米复合结构。郑高锋[189](2006 年)通过引入功能性单体合成了一种能够适度交联的聚丙烯酸酯乳液并将其用于 JS 防水涂料的制备。赵守佳等[190](2007 年)利用表观密度试验研究了不同种类及掺量的消泡剂在 JS 防水涂料搅拌过程中的消泡抑泡性能,并依据最终涂膜的外观、拉伸性能对消泡剂的选择、使用、贮存等提出了相关建议。刘成楼[191](2007 年)将复配的钛酸酯偶联剂和硅烷偶联剂掺入 JS 防水涂料以对其进行改性。结果表明:复合偶联剂通过增强有机、无机组分间的桥接及交联,使得所制备的 JS 防水涂料的拉伸性能,特别是耐水性能得到显著提高。周莉颖[192](2008 年)将可再分散乳胶粉用于单组分 JS 防水涂料的制备,通过试配确定了其合理配比范围及制备工艺,并在此基础上研究了不同胶粉种类、外加剂种类及填料种类等对涂膜拉伸性能的影响。黄金荣[193](2008 年)研究了纯丙乳液 JS 防水涂料的流变性能以及不同助剂掺量和养护龄期对涂膜拉伸性能的影响。结果表明:新拌涂料呈现出切力变稀现象,属假塑性流体;消泡剂及分散剂存在一个相对最佳掺量,掺量过大会起到负面作用;随着养护龄期的增长,涂膜拉伸强度增大,断裂伸长率减小。邓德安等[194](2008 年)研究了不同配比参数变化对 JS 防水涂料涂膜拉伸性能的影响,包括聚合物乳液掺量、水泥掺量、填料掺量和助剂掺量等。结果表明:在一定范围内,有机聚合物组分的增多使得涂膜强度减小、变形增大,而无机组分增多的影响则刚好相反,适量的助剂能使涂膜的强度变形性能得到改善。李俊等[195](2011 年),贾非等[196](2011 年)研究了刮涂次数对 JS 防水涂料涂膜拉伸性能测试结果的影响。结果表明:增大刮涂次数使得涂膜拉伸强度增大、断裂伸长率减小,其主要原因是不同刮涂次数导致涂膜内部水分及微气泡含量不同,相关测试标准应对刮涂次数进行明确规定。周子夏等[197](2011 年)研究了不同成型方式(刮涂、滚涂及刷涂)对 JS 防水涂料涂膜拉伸性能的影响。结果表明:相较于室内试验所用的刮涂成型方式,实际工程中采用的滚涂或刷涂成型方式更有利于涂膜拉伸性能的提高。秦景燕等[198](2011 年)分析了实际工程中 JS 防水涂料的几个应用误区,包括乳液选择、配比设计以及施工过程中作业面湿度、涂覆厚度及次数、搅拌养护制度等方面的影响,在此基础上,提出了相关的改进措施及建议。李建虹等[199](2011 年)研究了不同搅拌工具及搅拌速率对 JS 防水涂料性能的影响。结果表明:桨叶式搅拌杆的搅拌效果优于上下齿式搅拌杆,搅拌速率过高会导致涂膜内部气泡含量增大、拉伸性能降低。曲慧等[200](2011 年)研究了不同搅拌制度对 JS 防水涂料气泡含量的影响。结果表明:采用高速搅拌+低速搅拌的混合搅拌方式有利于降低新拌涂料中的气泡含量。翟亚南等[201](2012 年)利用一种新型高柔性丙烯酸乳胶粉制备了单组分干粉型 JS 防水涂料,并根据不同的使用要求设计了相应的配比用量。吴蓁等[202](2012 年)利用结晶生长技术制备了一种具有自愈合功能的 JS 防水涂料。该种涂料通过外掺结晶粉料在水环境下的结晶生长过程,能在较短时间内实现裂隙的自修复闭合。彭国冬等[203](2013 年)采用纳米插层技术制备了有机硅插层蒙脱土并将其用于 JS 防水涂料改性。结果表明:改性后的 JS 防水涂料具备极强的抗剪切能力、优异的耐高低温性能和黏结性能。刘晓东等[204](2014 年),李成吾等[205](2015 年)研究了不同填料种类及填料目数对 JS 防水涂料拉伸性能的影响。结果表明:填料的吸水量越大、目数越高,涂膜的拉伸强度越大、断裂伸长率越小。林凯等[206](2014 年)对比研究了三种聚合物乳液对 JS 防水涂料柔韧性的影响。结果表明:在相同的涂膜柔韧性水平下,丙烯酸酯乳液的用量小于 VAE 乳液的用量,具有一定的成本优势。杨洪涛等[207](2015 年)研究了乳液混掺、填料复配以及外掺纤维素三种增稠方法对 JS 防水涂料拉伸性能的影响,得到了每种增稠方法下的最优配比。张冬冬等[208](2015 年)针对不同种类消泡剂各自的特点,基于抑泡作用与破泡作用协同作用的思想,将醇类消泡剂与有机硅类消泡剂复配用于 JS 防水涂料,取得了良好的消泡效果。林杰生[209](2015 年)通过混掺丙烯酸纤维制备了一种纤维增强型 JS 防水涂料,有效解决了实际工程中 JS 防水材料阴角厚涂开裂的问题。成功[210](2016 年)在聚醋酸乙烯酯乳液的基础上对其进行共聚及交联改性,合成了有机硅改性醋丙乳液,并用其制备了符合相关使用标准的 JS 防水涂料。田翠等[211](2016 年)通过试验确定了与聚合物乳液相配伍的抑尘剂,并由此制备了一种具有优异环保性能的无尘 JS 防水涂料。

1.2.3 聚合物水泥复合材料微观组织结构及改性机理研究现状

聚合物水泥复合材料的成型主要包括水泥组分的水化硬化过程、聚合物组分的脱水成膜过程以及水泥水化产物与聚合物组分间的反应,故而在微观层面上,这类材料最显著的特点便是形成了由水泥水化产物与聚合物膜结构相互交织的三维混合结构[5]。不同的原料种类、配比参数和制备工艺等使得这种混合结构的微观形貌与物质组成纷繁复杂,进而在宏观上使得复合材料的力学、耐久性能呈现出多样性,其具备许多单纯水泥基材料或聚合物基材料不具备的技术性能优势,而这也正是进行聚合物水泥共混改性的基本思想和原理。因此,在微观层面对聚合物水泥复合材料的形态、结构和组成等进行研究,有助于我们了解并掌握聚合物和水泥这两种类型材料间的相互作用机制,进而从根本上对不同聚合物水泥复合材料所呈现出的不同性能特点进行分析、解释,为提高聚合物的利用率和使用效果、降低使用成本以及进一步优化设计材料等提供科学依据。目前相关研究主要集中在以下两方面。

1.2.3.1 针对聚合物水泥复合材料微观组织结构及物相变化的研究

这方面研究的主要内容包括材料的微观形貌特征、孔隙结构分布、物质成分变化、各类理化反应以及材料微观组织与宏观性能间的联系等,所涉及的影响因素包括不同原料种类、配比参数、养护龄期和试样预处理方法等,所采用的试验分析方法主要有扫描电子显微镜分析(SEM)、压汞分析(MIP)、X 射线衍射分析(XRD)、红外光谱分析(IR)、傅里叶转换红外光谱分析(FTIR)、能谱分析(EDS)、差热分析(DTA)、热重分析(TGA)、X 射线光电子能谱分析(XPS)和凝胶渗透色谱分析(GPC)等。以下为国内外相关代表性研究。

Su Z 等[212](1996 年)研究了苯丙乳液改性水泥基材料在早期不同时段内的微结构演化过程,结果表明:聚合物组分对水泥水化反应的影响在早期主要以两种方式进行,即一是部分聚合物颗粒成膜延缓了水化反应,限制了水化产物的相互靠近;二是部分聚合物颗粒仍保持分散状态,填入毛细孔隙内并改变水化产物的微观形态。Ollitrault-Fichet R 等[213](1998 年)利用 SEM,DTA,MIP 等手段研究了掺入聚丙烯酸酯乳液对水泥砂浆微观形貌、物质成分以及孔隙结构的影响。结果表明:改性砂浆的微观形态呈三种主要构型,即聚合物颗粒、未水化的水泥颗粒以及聚合物与水泥水化产物的交织结构;改性砂浆内部的 $Ca(OH)_2$ 晶体含量较低,且总孔隙率变化不大,细孔含量增加,高温处理后,由于聚合物成分的热解使得总孔隙率增大。Beeldens A 等[214](2001 年)研究了多种聚合物改性砂浆的物理力学性能。发现膜结构的密度、孔隙及存在位置同所用聚合物材料的种类及最低成膜温度有关,SEM 研究结果进一步表明,聚合物膜与水泥水化产物形成互穿的网络结构,$Ca(OH)_2$ 晶体减小,说明聚合物膜的形成延缓了水泥水化作用,阻碍了水化产物晶体的增长。Afridi M U K 等[215](2003 年)利用 SEM 研究了聚合物胶粉及聚合物乳液改性砂浆中聚合物颗粒的凝聚成膜形态。结果表明:经聚合物改性后砂浆的内部微结构更加密实,聚合物胶粉在砂浆内的成膜质量同聚合物乳液相比较差,且其成膜能力因胶粉种类的不同而异。Rozenbaum O 等[216](2005 年)研究了丁苯乳液改性砂浆维氏硬度、孔隙结构以及聚合物水泥间的相互作用,并提出了一种蒙特卡洛模型用以表征材料细观结构与其宏观力学性能间的联系。结果表明:掺入丁苯乳液后砂浆维氏硬度降低,孔隙得以细化,聚合物相与水泥相间的作用较弱且主要以填充形式存在于毛细孔隙内部。Wang M 等[217](2015 年)利用 FTIR,XPS,GPC 等多种试验手段,系统研究了聚丙烯酸酯乳液改性水泥材料中的化学反应机理。结果表明:反应初始以水泥的水化作用为主,该阶段产生的强碱、放热环境导致大量羧基基团因水解作用产生,而后这些羧基基团同水化产物中的 $Ca(OH)_2$ 反应生成一种新的产物 $Ca(HCOO)_2$,最终导致材料在微观上呈现出相互交织的网状结构。

徐峰[218](2009 年)采用红外分析法研究了苯丙乳液与水泥水化产物间的化学作用。结果表明:苯丙乳液可与水泥水化生成的 $Ca(OH)_2$ 发生反应,生成以离子键结合的大分子网络交织结构。许绮等[219](2001 年)测试、分析了丁苯乳液改性水泥砂浆的孔隙分布及断面形貌,建立了硬化砂浆孔隙率与新拌砂浆体积密度间的关系。赵文俞等[220](2001 年)将两种聚合物共混用于水泥混凝土改性,分析了两种聚合物总量及相对比例对改性混凝土微观形貌的影响规律及机理。钟世云等[221](2001 年)研究了氯偏乳液在水泥砂浆中的降解性与稳定性。结果表明:氯偏乳液的降解程度随聚灰比和龄期的增大而增大,其降解速率随时间的延长逐渐变缓。余剑英等[222](2003 年)基于 SEM 试验结果分析了 JS 防水涂料涂膜微观形貌与其拉伸性能和耐水性能间的关系。钟世云等[223](2004 年)研究了盐酸腐蚀时间对聚合物改性砂浆微观形貌的影响。结果表明:试样经适当时间的腐蚀预处理,有益于聚合物组分结构形态的辨认,但界面过渡区结构破坏较为严重。乔渊等[224](2006 年)观测了可再分散乳胶粉改性砂浆的微观形态结构,包括水泥水化产物、聚合物膜结构和界面过渡区等,同时,测试了改性砂浆的孔结构分布,并从微观层面分析了聚合物乳胶粉对砂浆力学耐久性能的改善机理。Zurbriggen R 等[225](2007 年)采用数字化光学、荧光和 SEM 相结合的方法,研究了可再分散乳胶粉改性黏结砂浆在新拌和硬化状态下的微观形貌,分析了各组分相在这两种不同状态下的差别与变化。董松等[226]（2008年）利用SEM方法观察了JS防水涂料涂膜的显微结构和物相形态，并利用XRD和红外光谱方法确定了涂膜中的物相组成及各种基团的变化。张金喜等[227]（2009年）研究了硅油乳液和丁苯乳液改性水泥砂浆的孔隙结构。结果表明：掺入聚合物乳液主要改变砂浆在$10\sim1\,000$ nm范围内的孔结构，具体表现为毛细孔数量的减少和过渡孔数量的增加。郭寅川等[228]（2010年）采用多种物相测试分析技术，对聚合物改性超细水泥灌浆材料的微观形貌、水化产物及孔隙结构等进行了研究，分析了其微观结构与宏观性能之间的相关性。肖军[229]（2012年）系统研究了多种矿物填料在聚合物乳液、沥青和塑料等高分子化学建材体系中的微观组构。李真等[230]（2012年）研究了VAE乳液与水泥水化产物间的化学反应。结果表明：VAE乳液与水化产物$Ca(OH)_2$反应生成聚乙烯醇和乙酸钙，该反应的凝结硬化后期能够进一步促进水泥的二次水化。王培铭等[231]（2013年）对比、分析了四种用于测试聚合物水泥复合材料体系中水泥水化程度方法的适用性和局限性，包括水化热法、化学结合水法、氢氧化钙含量测定法和背散射电子图像分析法。结果表明：背散射电子图像分析法不受水化过程和产物组成的干扰影响，所得结果相对准确。任保营等[232]（2013年）研究了苯丙乳液和纯丙乳液改性硫铝酸盐水泥砂浆在不同龄期下的微观形貌和孔隙结构。钟世云等[233]（2013年）通过zeta电位试验研究了乳液类型和聚灰比对聚合物颗粒在水泥表面吸附行为的影响。结果表明：阴离子型乳液颗粒较非离子型乳液颗粒更易被水泥粒子吸附，水泥粒子对乳液颗粒的吸附量随聚灰比的增大有一个最大值。张洪波等[234]（2014年）研究了苯丙乳液对水泥基材料水化放热行为的影响，表明苯丙乳液能够延缓水泥基材料的水化与二次水化反应，同时SEM观测结果也表明，苯丙乳液能有效改善水泥基材料的界面结构与水泥石结构。塞守卫等[235]（2015年）研究了两种不同乳液（纯丙乳液和VAE乳液）制备的JS防水涂料在不同聚灰比下的微观形貌变化，并据此分析了两种涂料拉伸性能随聚灰比变化的微观机理。毛志毅等[236]（2016年）利用衰减全反射-傅里叶变换红外光谱技术与红外透射光谱法测定了聚合物改性水泥砂浆中的聚合物组分含量，并对比分析了两种测试方法结果的不确定度。

1.2.3.2　针对聚合物水泥复合材料微结构生成演化过程及模型的研究

这方面研究主要是在上述微观形态及物相研究的基础上，提出一系列演化模型用以描述聚合物水泥复合材料微结构的形成过程，目前比较成熟的模型主要包括Ohama Y提出的三阶段模型[237]和Konietzko A提出的四阶段模型[238]。这两种模型的基本观点都认为聚合物颗粒均匀分散在水泥浆料中，随着水化反应的持续进行，体系内水含量不断减少，聚合物颗粒逐渐吸附、沉积在各种水化产物表面及其间隙内，最终在分子间力作用下凝结成膜并与水泥水化物相互交织缠绕在一起。而这两种模型的区别在于[239-240],Ohama 模型认为水泥硬化浆体包裹在聚合物网状膜结构之中,而 Konietzko 模型则认为聚合物膜与水泥硬化浆体均形成了空间网状结构并相互贯穿。然而,受水泥自身水化过程的复杂性、聚合物水泥复合材料产物多样性和多尺度性等因素影响,上述两种模型尚存在一定的局限性,后续国内外学者在此基础上又进行了不断的研究和改进。相关代表性研究如下:

Su Z[241](1995 年)研究了聚合物颗粒在水泥颗粒表面的吸附现象,认为吸附效果与聚合物、水泥、分散剂的种类和掺量有关,吸附动力主要为毛细管力。与此不同的是,Merlin F 等[242](2005 年)和 Shi X X 等[243](2013 年)认为聚合物颗粒的吸附现象是静电效应产生的选择性吸附结果。Beeldens A 等[244](2003 年)在 Ohama 模型的基础上,补充了养护湿度和温度对聚合物颗粒成膜的影响,提出了 B - O - V 模型,该模型认为当养护湿度较大或养护温度低于最低成膜温度时,聚合物颗粒不会融合成膜并仍以颗粒形式存在。Beeldens A 等[245](2005 年)在 Ohama 模型的基础上,通过计入聚合物和水泥颗粒在不同时间尺度内的相互作用,提出了一种改进的聚合物改性水泥基材料微结构模型,同时研究还表明,水泥水化及干燥速率的降低会使聚合物最低成膜温度下降,且当聚合物掺量较小时,聚合物颗粒首先倾向于在界面处聚集。Gemert D V 等[246](2005 年)认为在 Ohama 模型中水泥水化和聚合物成膜同时发生,并且聚合物膜结构中存在未水化水泥颗粒。Gtetz M 等[247](2011 年)将 Ohama 模型扩充为四阶段,增加了乳液颗粒破裂融合阶段,并认为水泥孔隙溶液中的 Ca^{2+} 离子能够吸附在阴离子聚合物颗粒表面,导致成膜速率延缓。Silva D A 等[248](2002 年),Konar B B 等[249](2009 年)和 Piqué T M 等[250](2011 年)研究发现在多种聚合物水泥复合材料中,均存在金属离子与有机官能团桥接的分子结构,证实了聚合物与水泥浆体间的相互作用。李蓓等[251](2014 年)研究了聚丙烯酸酯 PA 乳液颗粒与水泥水化产物 $Ca(OH)_2$ 间的化学反应,建立了一种计及聚合物组分与水泥基材料反应的微结构生成模型。Ma H 等[252](2015 年)通过观测发现聚合物颗粒并非均匀分散在新拌水泥浆体中,而是局部聚集在水泥颗粒表面,并且当聚合物掺量较大时会发生团聚现象。

1.3 主要研究内容

本书将"有机无机复合"理念用于新型道面填缝材料的研制,目的在于结合水泥基材料和水性有机聚合物材料各自的特点,形成优势互补,使得所制备的填缝材料既具备水泥材料良好的耐久性,又具备有机聚合物材料优异的变形黏结性,同时克服油性聚合物填缝料耐久性差、性价比低、环保性差等方面的不足,从而满足道面填缝材料的使用需求。在此思想基础上,通过试验研究、理论分析等手段,针对不同原材料种类、配比参数以及使用环境工况下聚合物水泥复合道面填缝材料的工作性能、力学性能、耐久性能以及微观组织结构开展一系列研究,并将所制备的填缝材料应用于实际机场道面接缝工程之中,以检验其在实际服役环境下所能达到的封缝效果及使用性能。本书主要工作内容包括以下方面:

(1)利用正交试验方法,研究不同原料种类及配比参数对聚合物水泥复合道面填缝材料基本工作性能及黏结变形性能的影响,分析、确定各因素水平变化对各指标值的影响程度及作用规律,在此基础上,结合相关标准要求,对各因素水平进行对比、优选,最终确定聚合物水泥复合道面填缝材料的基础配比,进而为下一步细化研究打下基础。

(2)以所得基础配比为对照组,以流平性试验、灌入稠度试验以及定伸、拉伸、剪切试验为主要研究手段,系统研究主要配比参数变化、粉料混掺及种类变化、聚合物组分变化以及掺入其他外加剂或纤维等对聚合物水泥复合道面填缝材料工作性能、力学性能的影响,分析各指标变化的原因及机理,并根据所得试验结果及规律得出各原料配比参数的合理取值及应用范围。

(3)通过对多组配比的聚合物水泥复合道面填缝材料试件进行多种模拟环境因素的预处理,系统研究不同温度作用、浸水作用、不同腐蚀环境作用以及紫外线老化作用对填缝料的定伸、拉伸性能的影响规律,分析各环境因素的影响作用机理,并针对不同使用环境下填缝料的配比优化设计进行分析、探讨,提出优化后的填缝料配比参数。

(4)首先,以扫描电镜观测及压汞试验为主要研究手段,研究聚合物水泥复合道面填缝材料的基本微观形貌特征及孔隙结构特征,分析不同原料种类、配比参数以及处理工况的影响作用规律;然后,通过引入分形理论,进一步研究填缝料孔径分布的分形特征及变化规律;最后,提出适用于聚合物水泥复合道面填缝材料的微结构生成模型并分析其成型机理。

(5)将所制备的聚合物水泥复合道面填缝材料应用于实际机场道面接缝工程之中,通过后期的原位观测检测及室内定伸、拉伸试验,检验填缝料在实际服役环境下所能达到的封缝效果及使用性能。

第2章
聚合物水泥复合道面填缝材料的基础配比设计

2.1 引　　言

聚合物水泥复合道面填缝材料是聚合物水泥复合材料在道面接缝工程中的具体应用,但受填缝材料特定使用工况及性能要求的影响,现有各类聚合物水泥复合材料尚不能完全满足其使用需求。例如,常见的各类刚性聚合物改性水泥基材料聚合物组分含量较低,导致其刚度较大、适应位移变形能力较弱,不适于作为道面填缝材料。而聚合物含量较高的各类柔性 JS 防水涂料虽然具备一定的拉伸变形能力,但由于其相关性能指标要求及侧重点与填缝材料存在一定差异,故其配比亦无法直接使用。然而,根据有机无机复合改性思想,聚合物水泥复合材料的性能可以通过原材料种类的优选以及各组分含量的调整实现有针对性的改善,因此通过合理的配比设计,可以使材料的相关性能满足道面接缝使用需求。

本章首先利用正交试验方法,研究不同原料种类及配比参数对聚合物水泥复合道面填缝材料基本工作性能及黏结变形性能的影响,分析确定各因素水平变化对各指标值的影响程度及作用规律;然后,在此基础上,结合相关标准要求,对各因素水平进行对比优选,最终确定得到聚合物水泥复合道面填缝材料的基础配比,进而为下一步细化研究打下基础。

2.2　原材料选用

用于制备聚合物水泥复合道面填缝材料的原材料按其性能和作用可分为基料、填料和助剂三大组成部分。其中,基料包括采用的各类聚合物乳液(乳胶粉)及水泥,是形成填缝材料有机无机复合胶凝体系的主要物质,是整个填缝料组分的基础;填料主要包括各种无机矿物粉料,这类材料一方面起填充作用,用以降低基料的使用量,另一方面对填缝料的稠度、柔韧性、耐久性等也有一定的调节作用;助剂主要包括各类对聚合物成膜、水泥水化、粉料分散等起辅助改善作用的功能型外加剂,这类材料用量虽小,但是对填缝料的性能具有明显影响。

本书所制备的聚合物水泥复合道面填缝材料是一种双组分填缝材料,其液料部分包括聚合物乳液以及各种液体助剂,粉料部分包括水泥及各类无机填料。现在对用于填缝料基础配比研究的各类原料选用进行简要说明。

(1)聚合物乳液。聚合物乳液的性能特点及质量对所制备填缝材料性能的优劣有至关重要的影响。本书对聚合物乳液的选用主要基于以下 3 方面考虑:①选用固含量高、拉伸性能好、最低成膜温度(MFT)[①]和玻璃化转变温度(T_g)[②]低的乳液,这有利于提高填缝材料的弹性变形性能和低温柔性,同时能够降低对养护、使用温度的要求;②选用与水泥材料相容性好且含有一定的活性基团的乳液,这类乳液通过适度交联并与水泥水化产物间发生化学反应,有利于提高填缝材料的相容性和黏结、内聚强度;③选用生产成本较低、使用普及率较高的乳液,这有利于填缝料原料的获取以及成本的降低。

综合考虑上述因素,初步选择由德国巴斯夫公司的 Acronal S400F 型苯乙烯丙烯酸酯共聚物乳液(即苯丙乳液)和美国塞拉尼斯公司生产的 Celvolit 1350 型醋酸乙烯-乙烯共聚物乳液(即 VAE 乳液)作为聚合物乳液原料。两种乳液的主要技术指标列于表 2.1 中。

表 2.1　聚合物乳液技术指标及性能特点

乳液种类	技术指标
Acronal S400F 苯丙乳液	固含量:57±1%;布氏黏度(23 ℃,ISO 2555):400~1 800 mPa·s;pH 值:7.0~8.5;平均粒径:0.1 μm;T_g:−7 ℃;MFT:<1 ℃
Celvolit 1350VAE 乳液	固含量:55±1%;布氏黏度(25 ℃,ISO 2555):1 500~5 000 mPa·s;pH 值:4.5~6.0;平均粒径:1.5 μm;T_g:−10 ℃;MFT:0 ℃

(2)水泥。水泥作为聚合物水泥复合道面填缝材料中的主要无机胶凝组分,对填缝料的凝结固化和强度、黏结性、耐久性的产生具有重要作用。不同种类水泥对聚合物水泥复合材料性能的影响主要与水泥的强度等级和水化产物所包含的高价金属离子有关[174]。本章暂不考虑水泥种类的影响,均选用"尧柏"牌 42.5 级普通硅酸盐水泥(P·O 42.5)。

(3)填料。常用的填料种类包括滑石粉、重质碳酸钙、轻质碳酸钙、石英粉、硅灰石粉、绢云母粉和膨润土等。不同填料由于其物质成分及晶体结构的不同,呈现出不同的性能优势特点[174]。例如,石英粉的主要成分为稳定性较好的 SiO_2,这有利于增强材料的耐腐蚀性和耐磨性;碳酸钙作为一种弱极性物质,在聚合物水泥复合材料成型时具有一定的活性;滑石粉特有的片状结构能够赋予材料良好的屏蔽效果;膨润土较强的吸湿性和膨胀性能够改善材料的黏度和触变性;绢云母粉兼具

---

① 指聚合物颗粒能够形成连续膜结构的最低温度。
② 指高分子聚合物高弹态与玻璃态间相互转变的温度。

云母类矿物和黏土类矿物的多种特点,能够有效提高材料的耐候性。

本章初步选用 3 种填料,分别是 600 目滑石粉(SiO_2 含量为 60%,MgO 含量为 30%),300 目石英粉(SiO_2 含量大于 99%)和 500 目重质碳酸钙(纯度>99%)。

(4)助剂。常用的助剂种类包括促进粉料颗粒在聚合物乳液中解聚分散的分散剂、增强聚合物颗粒塑性流动并促使其聚结成膜的成膜助剂、减少因搅拌及各类表面活性物质所产生气泡的消泡剂、降低聚合物玻璃化温度并提高其柔韧性的增塑剂,以及其他诸如增稠剂、流平剂、防沉淀剂、防霉剂、光稳定剂等各类功能型助剂。

本章初步选掺 3 类助剂,分别是日本圣诺普科公司生产的 SN - Dispersant 5040 型分散剂,江苏天音化工有限公司生产的 DN - 12 型成膜助剂以及日本圣诺普科公司生产的消泡剂。其中,消泡剂又根据主要成分及技术特点不同分为 3 种,即 NOPCO NXZ 型金属皂类消泡剂,SN - Defoamer 154 型二氧化硅类消泡剂以及 SN - Defoamer 345 型硅酮类消泡剂。各助剂技术性能指标列于表 2.2 中。

表 2.2 助剂技术性能指标

助剂种类	技术性能指标
SN - Dispersant 5040 型 分散剂	主要成分:聚羧酸钠盐;外观:淡黄色液体;固含量:42.5%; pH 值(50%水溶液):7.5;相对密度(25 ℃):1.29;离子性:阴离子; 溶解性:易溶于水
DN - 12 型 成膜助剂	主要成分:十二碳醇酯;外观:无色透明液体;分子式:$C_{12}H_{24}O_3$; 含量:≥99%;酸度:≤0.05%
NOPCO NXZ 型 金属皂类消泡剂	外观:淡黄褐色浑浊液体;相对密度(20 ℃):0.89;离子性:非离子; 分散性:分散于水;特点:广泛适用于各类水性聚合物乳液
SN-Defoamer 154 型 二氧化硅类消泡剂	外观:淡黄色浑浊液体;相对密度(25 ℃):0.95;离子性:非离子; 分散性:不分散于水;特点:具有优良的持续消泡能力
SN-Defoamer 345 型 硅酮类消泡剂	外观:灰白色浑浊液体;相对密度(25 ℃):1.02;离子性:非离子; 分散性:不溶于水;特点:消抑泡能力强,适用于高黏弹性乳液体系

2.3 正交试验设计

针对聚合物水泥复合道面填缝材料基础配比的研究主要包括两方面内容,即原料种类和配比参数。根据第 2.2 节中的分析可知,就原料种类而言,本章共涉及

2 种聚合物乳液,3 种无机填料以及 3 种消泡剂,暂不考虑水泥种类及其他助剂种类的影响。就配比参数而言,本章主要研究不同粉液比(总粉料质量与乳液质量的比值),水泥比例(水泥质量占总粉料质量的百分比)以及各助剂掺量的影响。这是因为,在乳液固含量一定的条件下,粉液比反映了有机组分与无机组分间的相对含量,水泥比例反映了无机组分内部水泥与填料间的相对含量,各助剂掺量反映了消泡剂、分散剂、成膜助剂各自的含量,上述配比参数基本涵盖了填缝料各主要组分含量的变化,是进行填缝料配比设计的关键变量。

通过上述分析可以看出,填缝料基础配比的研究涉及多个原料种类及配比参数,是一个典型的多因素多水平问题,难以进行全面试验。鉴于此,本章采用正交试验设计安排试验(具体原理见文献[253]),该方法试验点均衡分散,试验数据综合可比,能够有效减少试验次数,提高试验效率。

2.3.1 试验指标

良好的工作性能及黏结变形能力是道面填缝材料在实际施工使用过程中应满足的两项基本性能,只有在满足这两项性能的基础上,才能够对其其他力学和耐久性能提出进一步要求。鉴于此,本章拟选取流平性、定伸黏结性(如未拉断还包括弹性恢复率)、拉伸强度、峰值应变、断裂伸长率以及拉伸模量作为填缝料基础配比研究的主要试验指标。

2.3.2 试验方案

正交试验设计的关键在于选用合适的正交表,由于试验涉及的因素水平个数较多,若将其都安排在一张表内,则一方面使正交表过于复杂,不便于使用,另一方面,因素过多难以突出研究重点,并且各因素间可能存在的交互作用会影响试验结果的判断。因此,本章采取分批正交试验的方法,具体方案如下:

第一批正交试验主要研究乳液种类、填料种类、粉液比以及水泥比例的影响。由于苯丙乳液和 VAE 乳液的性能受合成原料及制备工艺的影响存在一定差异,因此为更好地进行乳液类型的优选,对比两种乳液对填缝料性能的影响,本章分别针对两种聚合物乳液基体设计一组正交试验。试验均选用四因素三水平正交表($L_9(3^4)$),以粉液比、水泥比例以及填料种类作为试验因素(各因素相应的水平值见表 2.3,其中粉液比和水泥比例的取值通过结合现有研究成果及前期试配结果确定)。表 2.4 列出了具体的正交试验方案及每组试验相应的配比,其中误差列用于方差分析时的误差计算,消泡剂选用目前广泛用于各类水性聚合物乳液的 NOPCO NXZ 型消泡剂,各助剂掺量采用各生产厂商给出的建议值。

表 2.3　试验因素与水平(第一批)

水平 ＼ 因素	粉液比(因素 A)	水泥比例(因素 B)	填料种类(因素 C)
1	0.85	10％	滑石粉
2	0.65	35％	重质碳酸钙
3	0.45	60％	石英粉

表 2.4　正交试验方案及配比(第一批)

试验编号	因素及水平分布				原料配比(质量份)					
	粉液比(因素 A)	水泥比例(因素 B)	填料种类(因素 C)	误差	乳液	填料	水泥	消泡剂	分散剂	成膜助剂
V1(B1)	0.85 (1)	10％ (1)	滑石粉(1)	(1)	100	76.5	8.5	0.56	1.30	5
V2(B2)	0.85 (1)	35％ (2)	重质碳酸钙(2)	(2)	100	55.3	29.7	0.56	1.30	5
V3(B3)	0.85 (1)	60％ (3)	石英粉(3)	(3)	100	34.0	51.0	0.56	1.30	5
V4(B4)	0.65 (2)	10％ (1)	石英粉(3)	(2)	100	58.5	6.5	0.50	1.16	5
V5(B5)	0.65 (2)	35％ (2)	滑石粉(1)	(3)	100	42.3	22.7	0.50	1.16	5
V6(B6)	0.65 (2)	60％ (3)	重质碳酸钙(2)	(1)	100	26.0	39.0	0.50	1.16	5
V7(B7)	0.45 (3)	10％ (1)	重质碳酸钙(2)	(3)	100	40.5	4.5	0.44	1.02	5
V8(B8)	0.45 (3)	35％ (2)	石英粉(3)	(1)	100	29.3	15.7	0.44	1.02	5
V9(B9)	0.45 (3)	60％ (3)	滑石粉(1)	(2)	100	18.0	27.0	0.44	1.02	5

注:1.括号内的数字为相应因素的水平序号;

　2.乳液为 VAE 乳液或苯丙乳液,相应的试验编号为 V1～V9 和 B1～B9;

　3.消泡剂掺量和分散剂掺量为乳液与粉料质量总和的 0.3％和 0.7％,成膜助剂掺量为乳液质量的 5％;

　4.所列原料配比(质量份)为每份材料的质量,单位可取 g 或 kg 等。

　　第二批正交试验主要研究助剂种类及掺量的影响。虽然各生产厂家对每类助剂的适用范围及用量已给出了相应的建议说明,但是考虑到助剂对材料性能的影响较大,特别是消泡剂的选用针对性很强,不合理的选用不但无法发挥其应有的作用,甚至还会起到负面影响,因此有必要针对消泡剂的种类及各助剂掺量进行正交试验优选。试验仍选用四因素三水平正交表($L_9(3^4)$),以消泡剂种类、消泡剂掺量、分散剂掺量以及成膜助剂掺量作为试验因素,相应的因素水平值见表 2.5。其中,消泡剂掺量及分散剂掺量为其各自质量占乳液与粉料质量总和的百分比,成膜助剂掺量为其质量占乳液质量的百分比。表 2.6 列出了具体的正交试验方案及每组试验相应的配比,每组试验以 VAE 乳液作为聚合物基体,填料选用滑石粉,粉液比及水泥比例分别为 0.65 和 35%。

表 2.5　试验因素与水平(第二批)

水平＼因素	消泡剂种类 (因素 A)	消泡剂掺量 (因素 B)	分散剂掺量 (因素 C)	成膜助剂掺量 (因素 D)
1	NOPCO NXZ	0.3%	0.3%	2%
2	SN – Defoamer 154	0.5%	0.7%	5%
3	SN – Defoamer 345	0.9%	1.2%	8%

表 2.6　正交试验方案及配比(第二批)

试验编号	因素及水平分布				原料配比(质量份)					
	消泡剂种类 (因素 A)	消泡剂掺量 (因素 B)	分散剂掺量 (因素 C)	成膜助剂掺量 (因素 D)	乳液	填料	水泥	消泡剂	分散剂	成膜助剂
Z1	NXZ(1)	0.3% (1)	0.3% (1)	2% (1)	100	42.3	22.7	0.50	0.50	2
Z2	NXZ(1)	0.5% (2)	0.7% (2)	5% (2)	100	42.3	22.7	0.83	1.16	5
Z3	NXZ(1)	0.9% (3)	1.2% (3)	8% (3)	100	42.3	22.7	1.49	1.98	8
Z4	SN154(2)	0.3% (1)	0.7% (2)	8% (3)	100	42.3	22.7	0.50	1.16	8
Z5	SN154(2)	0.5% (2)	1.2% (3)	2% (1)	100	42.3	22.7	0.83	1.98	2
Z6	SN154(2)	0.9% (3)	0.3% (1)	5% (2)	100	42.3	22.7	1.49	0.50	5
Z7	SN345(3)	0.3% (1)	1.2% (3)	5% (2)	100	42.3	22.7	0.50	1.98	5
Z8	SN345(3)	0.5% (2)	0.3% (1)	8% (3)	100	42.3	22.7	0.83	0.50	8
Z9	SN345(3)	0.9% (3)	0.7% (2)	2% (1)	100	42.3	22.7	1.49	1.16	2

注:1.括号内的数字为相应因素的水平序号;

2.所列原数配比(质量份)为每份材料的质量,单位可取 g 或 kg 等。

2.3.3　分析方法

对正交试验结果的分析、处理分别采用直观分析法、极差分析法和方差分析法。其中,直观分析法用于流平性、定伸黏结性等定性指标的分析,极差分析法和方差分析法用于其他定量指标的分析。

极差分析法的基本原理是利用正交试验设计的整齐可比性,通过计算某一因素在每一水平下的试验指标值总和(或均值),得到相应最大值与最小值的差,即该因素的极差,进而通过比较各因素极差的大小来确定它们对该项指标的影响程度。极差越大,意味着该因素水平的变化对指标造成的影响越大,为主要因素;反之则为次要因素。设 $k_1, k_2, \cdots, k_n$ 分别为因素 i 在水平 $1, 2, \cdots, n$ 下的某指标值均值,则该因素的极差 R_i 可由下式求得:

$$R_i = \max [k_1, k_2, \cdots, k_n] - \min [k_1, k_2, \cdots, k_n] \qquad (2.1)$$

此外,根据 $k_1, k_2, \cdots, k_n$ 的大小和对该指标值的期望,还可进行各因素水平值的优选。

方差分析法的基本原理是将因素水平变化引起的试验指标波动与试验误差引起的试验指标波动予以定量区分并在一定显著性水平下进行比较检验,从而做出该因素对相应指标影响是否显著的判断。该方法弥补了极差分析法未考虑误差影响的不足,具有较高的精度和可靠度。

试验指标值的波动通常可用相应的离差平方和表示。设 S_T^2 为试验指标的总离差平方和,自由度为 f_T;S_i^2 为因素 i 的离差平方和,自由度为 f_i;S_e^2 为试验误差的离差平方和,自由度为 f_e。根据平方和分解公式和自由度分解公式,上述各离差平方和及自由度存在以下关系:

$$S_T^2 = \sum S_i^2 + S_e^2 \qquad (2.2)$$

$$f_T = \sum f_i + f_e \qquad (2.3)$$

为比较因素水平变化引起的指标波动与试验误差引起的指标波动之间的差异,构造统计变量 $F_i = (S_i^2/f_i)/(S_e^2/f_e)$。若 F_i 的值接近于 1,则说明因素水平变化对指标的影响与试验误差对指标的影响相近,即该因素对指标影响不显著;反之,则认为该因素对指标影响显著。在一定假设条件下,可以证明 F_i 服从自由度为 (f_i, f_e) 的 F 分布[253],因而在给定显著性水平 α 下,通过比较 F_i 与临界值 $F_\alpha(f_i, f_e)$ 的大小,便可做出相应的显著性判断。通常,若 $F_i > F_{0.01}(f_i, f_e)$,则认为因素 i 的影响非常显著,记为 $**$;若 $F_{0.05}(f_i, f_e) < F_i < F_{0.01}(f_i, f_e)$,则认为因素 i 的影响显著,记为 $*$;若 $F_{0.1}(f_i, f_e) < F_i < F_{0.05}(f_i, f_e)$,则认为因素 i 有影响,记为 $(*)$;若 $F_{0.2}(f_i, f_e) < F_i < F_{0.1}(f_i, f_e)$,则认为因素 i 有一定影响,记为 $-$;若 $F_i < F_{0.2}(f_i, f_e)$,则认为因素 i 对指标无影响。

为进一步量化表示各因素水平变化或误差对指标波动造成影响的大小,可根据以下两式计算相应因素和误差的贡献率 ρ_i 和 ρ_e(贡献率越大,表明作用影响越大):

$$\rho_i = \frac{S_i^2 - f_i(S_e^2/f_e)}{S_T^2} \times 100\% \qquad (2.4)$$

$$\rho_e = f_T \frac{S_e^2}{f_e} \times 100\% \qquad (2.5)$$

需要说明的是,试验过程中为提高试验精度进行了等重复试验,因此总的误差

离差平方和 S_e^2 包括由空列误差引起的 S_{e1}^2 和重复试验误差引起的 S_{e2}^2(第二批正交试验仅含 S_{e2}^2),而当某因素的影响作用不显著时($S_i^2/f_i < 2S_e^2/f_e$),其所在列的离差平方和也一并归入 S_e^2 以提高检验精度[254]。具体的极差分析和方差分析原理及计算步骤详见文献[253]。

2.4 试件制备及试验方法

2.4.1 试件制备

用于定伸和拉伸试验的试件共包括六个制备步骤,即称料、助剂分散、粉料分散、低速搅拌消泡、浇注和养护。具体如下:①利用精密电子天平按配比分别称量各组分原料;②将分散剂、成膜助剂以及一半消泡剂分别掺入乳液中,利用高速电动搅拌机(见图 2.1)以转速 300 r/min(转速由光电转速表测量调节)搅拌 150 s;③将所有粉料干混搅拌均匀后掺入乳液中(搅拌状态下),以转速 700 r/min 高速搅拌 10 min,确保无粉料结团成块;④掺入剩下一半消泡剂,先以转速 120 r/min 搅拌 3 min,而后用搅拌棒手动低速搅拌 10 min,确保拌合物中无明显气泡存在;⑤利用注胶器将搅拌均匀的拌合物注入由水泥砂浆基材,防黏垫块以及防黏底膜组成的空腔内(见图 2.2),基材及垫块尺寸参考《建筑密封材料试验方法》(GB/T 13477—2002)相关要求;⑥将浇注好的试件置于室内环境中,养护 4 d 后拆去垫块及底膜,而后继续养护至 28 d 以进行后续试验。

图 2.1 高速电动搅拌机

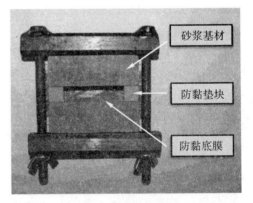

砂浆基材

防黏垫块

防黏底膜

图 2.2 浇注模具

制备好的填缝料试件如图 2.3 所示。需要说明的是,实际工程中若增大搅拌用量,则上述搅拌时间需适当延长或更换相应的搅拌机械。此外,模具自身存在的尺寸误差和后期养护过程中填缝材料的失水收缩,使得最终成型试件的实际尺寸与图 2.3 中规定的标准尺寸间存在一定偏差。因此为提高试验精度,在试验前对所有这类试件的初始长度、宽度及厚度均采用游标卡尺进行重新测量。

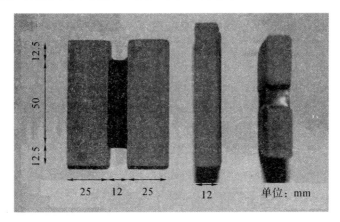

图 2.3   定伸/拉伸试验试件

2.4.2   试验设备及方法

流平性试验、定伸黏结试验以及拉伸试验的试验方法及所用设备均部分参考 GB/T 13477—2002 中的相关要求,具体如下:

(1)流平性试验。试验时先称量 100 g 搅拌好的拌合物,而后将其注入如图 2.4 所示的流平性模具中,于室内环境((20±2)℃)中水平静置 1 h 后观测试样表面是否光滑、平整。流平性模具为两端封闭的槽形模具,由厚度为 1 mm 的耐腐蚀金属制成,内部尺寸为 150 mm×20 mm×15 mm。

图 2.4   流平性模具

(2)定伸黏结试验。试验时,先利用如图 2.5 所示的自制拉伸夹具将试件缓慢拉伸至预定宽度(采用的拉伸宽度为试件初始宽度的 60%)并置入相应尺寸的定位垫块,而后将试件取下并置于室内环境中定伸保持 24 h(见图 2.6),观测试件的失黏及内聚破坏情况。若试件破损程度不严重,则进一步卸下定位垫块,将试件水平放置于光滑的玻璃平面上,静置 24 h 后分别于试件两端测量弹性恢复后的试件宽度(取平均值),并根据下式计算相应的弹性恢复率 R_e(每组试验重复 3 次,结果取其平均值）：

$$R_e = \frac{W_1 - W_2}{W_1 - W_0} \times 100\%$$ （2.6）

式中，W_0，W_1 及 W_2 分别为试件的初始宽度、定伸宽度以及弹性恢复后宽度。

图 2.5 定伸黏结试验夹具   图 2.6 定伸状态试件

(3)拉伸试验。拉伸试验采用上海和晟仪器有限公司生产的 HS - 3001B 型电子拉力试验机(见图 2.7)。试验时，先将试件装入拉伸夹具，而后以 5 mm/min 的拉伸速率将试件拉伸至规定的断点比例，并记录相应的荷载位移曲线。试验中断点比例取 10%，即当拉伸荷载降至最大荷载的 10% 时认为试件破坏并停止加载。所有拉伸试验均在室内环境下完成，每组试验重复 3 次，结果取其平均值。

 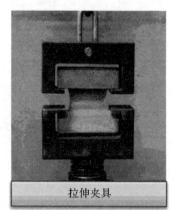

拉力机全貌   拉伸夹具

图 2.7 电子拉力试验机

此外，由于试件的截面尺寸在拉伸过程中难以准确测量，故本书在进行应力应变换算时均采用其初始截面尺寸，按名义应力和名义应变进行分析。

2.5 主要原料及配比参数研究

2.5.1 直观分析

表2.7列出了第一批正交试验的流平性观测结果,其典型形态如图2.8所示。可以看出:①对于VAE乳液基填缝料,其流平性主要取决于粉液比和水泥比例,随着粉液比及水泥比例的提高,新拌填缝料的黏稠性增大,流平性变差,浇注后试样表面难以依靠自身流动性达到光滑平整。例如,V7～V9组(粉液比0.45)的流平性明显优于V1～V3组(粉液比0.85),而在V4～V6组内,V6组(水泥比例60%)的流平性同V4组和V5组(水泥比例10%和35%)相比较差。②苯丙乳液基填缝料的流平性总体上优于VAE乳液基填缝料,虽然粉液比及水泥比例的增大导致其黏稠性有所提高,但除了B3组试样的流平性略差外,其余各组试样均能实现自流平。③在本章的配比研究范围内,为实现较好的流平性,两种乳液填缝料的粉液比应分别控制在0.65(VAE乳液基)和0.85(苯丙乳液基)以下,水泥比例则均应控制在60%以下。④填料种类对流平性的影响不明显,这可能是由于其影响较小从而被粉液比和水泥比例的影响所掩盖,其具体影响有待进一步单因素研究。

表2.7 第一批正交试验流平性观测结果

试验编号	流平性	试验编号	流平性	试验编号	流平性
V1	流平性较差	V4	流平性好	V7	流平性好
V2	流平性差	V5	流平性好	V8	流平性好
V3	流平性差	V6	流平性较差	V9	流平性好
试验编号	流平性	试验编号	流平性	试验编号	流平性
B1	流平性好	B4	流平性好	B7	流平性好
B2	流平性好	B5	流平性好	B8	流平性好
B3	流平性较差	B6	流平性好	B9	流平性好

不同粉液比及水泥比例对填缝料流平性的影响机理如下:随着粉液比的增大,粉料含量及其总比表面积增大,吸水性增强,导致固体颗粒间的相互运动阻力增大、流平性降低,在此基础上,随着水泥比例的增大,又有更多的水分被水泥水化反应所消耗,因此流平性进一步变差。此外,相同配比参数下两种不同乳液填缝料流平性间的差异主要源自于不同的乳液性质,由于合成原料及制备工艺间的差异,苯丙乳液的乳液颗粒同VAE乳液颗粒相比粒径较小,导致乳液较稀,同时,VAE乳

液内含有的大量聚乙烯醇保护胶体也会增大乳液的稠度,因此,在相同固含量水平下由 VAE 乳液制备的填缝料更加黏稠。

良好的流平性是填缝料应满足的基本使用条件,流平性差会导致填缝料在浇注过程中难以均匀成型,进而增大施工难度并影响其性能发挥,但是,对于填缝材料的流平性也不宜进行过分要求,只需保证其浇注后表面光滑、平整即可,无须刻意追求其高流动性和高自流平性。这是因为,流动性太大意味着拌合物内水分占有的相对比例较高,而这一方面导致填缝料在凝结硬化后出现明显干缩,另一方面,填缝料的强度变形性能也会因有效固含量组分的减少而受损。

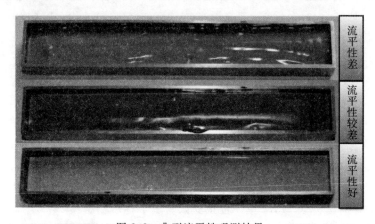

图 2.8　典型流平性观测结果

定伸黏结试验主要用来检测填缝料在长时间受拉状态下的使用性能。通常,填缝料在拉伸荷载作用下的破坏形式包括两类,即内聚破坏和失黏破坏。内聚破坏是填缝料自身强度变形性能不足,导致在拉伸荷载作用下出现的断裂破坏;失黏破坏则是填缝料与基材黏结强度不足导致的剥离脱落破坏。

图 2.9 所示为第一批正交试验的定伸黏结性观测结果(每组取一个代表性试件)。可以看出:①VAE 乳液基填缝料的定伸黏结性整体较好,除了 V3 组试件出现了一定程度的失黏破坏以外,其余各组试件均无明显破坏产生,而 V3 组试件产生破坏的原因主要是因为粉料及水泥含量较大,导致试件变形柔韧性下降且内聚强度大于黏结强度,故而只能以失黏破坏的方式抵消外部荷载作用。②苯丙乳液基填缝料的定伸黏结性较差,各组试件均出现了较为严重的内聚或失黏破坏(B9组试件虽未被拉断或脱边,但其中间部分已出现明显的撕裂破坏)。③不同乳液类型是造成两种填缝材料定伸黏结性差异的主要原因,VAE 乳液表面张力低、浸润性好、极性强,使得相应填缝材料的黏结、内聚强度均较高,而苯丙乳液由于合成原料中包含大量丙烯酸丁酯、丙烯酸乙酯等软性单体,导致其在成膜硬化后较为柔软,所制得的填缝材料强度较低、易于破坏。另外,苯丙乳液由于颗粒较小、稠度较

稀,导致相应填缝材料失水干缩大、用于承受拉伸荷载的有效固含量组分体积比例小,这也是造成其定伸黏结性较差的原因之一。④就苯丙乳液基填缝料而言,粉液比和水泥比例的变化使得其具体破坏形式发生改变,总体上,随着粉液比的减小,试件整体内聚破坏程度降低,这点通过 B3 组(完全断裂)、B6 组(不完全断裂)和 B9 组(未断裂)定伸形态的对比即可看出,其主要原因是粉料含量的减少使得更多原本被吸附的乳液颗粒能够凝聚成膜并形成三维网络结构,进而使得试件柔韧性增强,不易被拉断。此外,随着水泥比例的增大,填缝料的破坏形式逐渐由“失黏破坏+内聚破坏”向单纯的“内聚破坏”转变,例如水泥比例较小(10%)的 B1 组、B4 组和 B7 组均出现不同程度的失黏脱边现象,而水泥比例较大(60%)的 B3 组、B6 组和 B9 组则均只出现内聚破坏。这是因为,水泥作为一种无机水硬性胶凝材料,其含量的增大提高了填缝料与无机基材界面的黏结性能,当界面黏结强度大于材料本身内聚强度时,填缝料便不会出现失黏破坏。⑤填料种类对定伸黏结性的影响较小,尚无法通过观测得出明显规律。

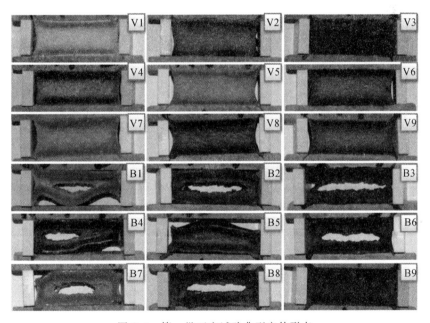

图 2.9　第一批正交试验典型定伸形态

2.5.2　极差分析

表 2.8 列出了第一批正交试验中的定量指标测试结果(仅列出平均值)。其中,弹性恢复率 R_e 按式(2.4)计算,拉伸强度 f_T 为拉伸过程中试件达到的峰值应力,峰值应变 ε_T 为试件达到 f_T 时所对应的应变,拉伸模量 E_T 为试件拉伸长度达到

原试件宽度 60% 时所对应的应力值,断裂伸长率 R_b 按下式计算:

$$R_b = \frac{W_b - W_0}{W_0} \times 100\% \tag{2.7}$$

式中,W_b 为试件拉伸至断点比例时的宽度,W_0 定义同式(2.6)。

表 2.8　第一批正交试验结果

试验编号	拉伸强度 f_T/MPa	峰值应变 ε_T	断裂伸长率 R_b/(%)	拉伸模量 E_T/MPa	弹性恢复率 R_e/(%)
V1	0.412	0.317	284.6	0.391	48.5
V2	0.647	0.250	281.5	0.603	45.8
V3	0.845	0.047	135.0	0.585	39.9
V4	0.321	0.470	370.0	0.316	53.2
V5	0.465	0.403	379.1	0.455	46.5
V6	0.691	0.120	264.9	0.596	41.7
V7	0.311	1.402	573.5	0.290	66.3
V8	0.305	1.366	550.0	0.285	61.7
V9	0.464	0.364	344.6	0.453	46.4
B1	0.314	0.432	111.8	0.298	/
B2	0.249	0.438	146.8	0.245	/
B3	0.267	0.492	141.7	0.264	/
B4	0.203	0.588	159.9	0.203	/
B5	0.259	0.633	155.3	0.259	/
B6	0.216	0.656	182.2	0.216	/
B7	0.168	0.923	216.8	0.161	/
B8	0.180	0.743	197.3	0.178	/
B9	0.221	0.954	194.4	0.209	/

　　对表 2.8 中所列数据进行极差分析,所得结果分别列于表 2.9 和表 2.10 中,相应的因素水平变化趋势图如图 2.10 和图 2.11 所示(图中右上角标明了各因素对相应指标影响的主次顺序,下同),可以看到以下现象。

表 2.9 第一批正交试验极差分析结果（VAE 乳液基填缝料）

因素	拉伸强度 f_T/MPa				峰值应变 ε_T				断裂伸长率 R_b/(%)				拉伸模量 E_T/MPa				弹性恢复率 R_e/(%)			
	k_1	k_2	k_3	极差 R	k_1	k_2	k_3	极差 R	k_1	k_2	k_3	极差 R	k_1	k_2	k_3	极差 R	k_1	k_2	k_3	极差 R
粉液比(A)	0.635	0.493	0.360	0.275	0.205	0.331	1.044	0.839	233.7	338.0	489.4	255.7	0.527	0.456	0.343	0.184	44.7	47.1	58.1	13.4
水泥比例(B)	0.348	0.472	0.667	0.319	0.730	0.673	0.177	0.552	409.4	403.5	248.2	161.2	0.333	0.448	0.545	0.212	56.0	51.3	42.7	13.3
填料种类(C)	0.447	0.550	0.490	0.103	0.361	0.591	0.628	0.267	336.1	373.3	351.7	37.2	0.424	0.497	0.396	0.101	47.1	51.3	51.6	4.4

表 2.10 第一批正交试验极差分析结果（苯丙乳液基填缝料）

因素	拉伸强度 f_T/MPa				峰值应变 ε_T				断裂伸长率 R_b/(%)				拉伸模量 E_T/(MPa)			
	k_1	k_2	k_3	极差 R	k_1	k_2	k_3	极差 R	k_1	k_2	k_3	极差 R	k_1	k_2	k_3	极差 R
粉液比(A)	0.277	0.226	0.190	0.087	0.454	0.626	0.873	0.419	133.4	165.8	202.8	69.4	0.269	0.226	0.183	0.086
水泥比例(B)	0.228	0.230	0.235	0.006	0.648	0.604	0.701	0.096	162.9	166.4	172.8	9.9	0.221	0.227	0.230	0.009
填料种类(C)	0.265	0.211	0.217	0.054	0.673	0.672	0.608	0.065	153.8	181.9	166.3	28.1	0.255	0.207	0.215	0.048

（1）就拉伸强度指标而言，VAE 乳液基填缝料的拉伸强度同苯丙乳液基填缝料相比普遍较大，这点可以通过第 2.5.1 节中的定伸观测结果得到印证。根据指标变化的极差大小，三种因素对 VAE 乳液基填缝料拉伸强度的影响作用次序为水泥比例＞粉液比＞填料种类，而对苯丙乳液基填缝料拉伸强度的影响作用次序则为粉液比＞填料种类＞水泥比例。此外，总体上粉液比及水泥比例的增大使得两种填缝料的拉伸强度均出现不同程度的提高，而填料种类对两种填缝料拉伸强度的影响则不甚相同，VAE 乳液基填缝料在掺入重质碳酸钙时强度相对较高，苯丙乳液基填缝料在掺入滑石粉时强度相对较高。

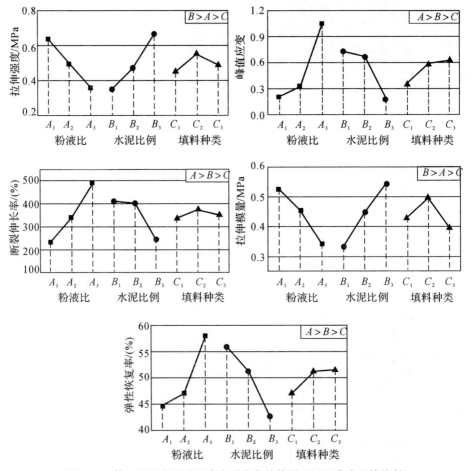

图 2.10　第一批正交试验因素水平变化趋势图（VAE 乳液基填缝料）

（2）就峰值应变指标而言，VAE 乳液基填缝料的峰值应变同苯丙乳液基填缝料相比普遍较小（V7 组和 V8 组例外），根据指标变化的极差大小，三种因素对两种填缝料峰值应变的影响作用次序均为粉液比＞水泥比例＞填料种类。对于

VAE 乳液基填缝料,粉液比及水泥比例减小均造成试件峰值应变提高,特别是当粉液比降至 0.45 及水泥比例降至 35% 以下时,峰值应变显著增大,例如 V7 组、V8 组的峰值应变反超过了相对应的 B7 组、B8 组,而当粉料含量、特别是水泥含量较大(60%)时,VAE 乳液基填缝料的峰值应变明显减小。对于苯丙乳液基填缝料,试件峰值应变随粉液比的减小逐渐增大,水泥比例的提高对峰值应变造成的影响较小,总体呈先减小后增大的变化趋势。此外,填料种类对两种填缝料峰值应变的影响刚好相反,且 VAE 乳液基填缝料在掺入石英粉时峰值应变相对较大,苯丙乳液基填缝料在掺入滑石粉时峰值应变相对较大。

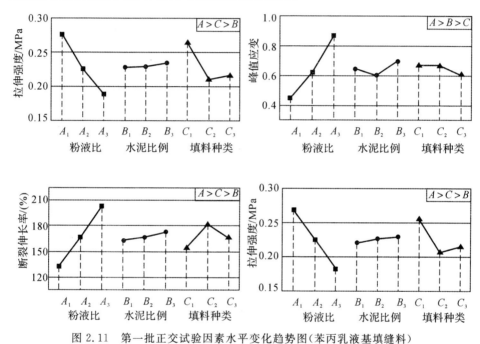

图 2.11 第一批正交试验因素水平变化趋势图(苯丙乳液基填缝料)

(3)就断裂伸长率指标而言,VAE 乳液基填缝料的断裂伸长率普遍较大,约为同配比苯丙乳液基填缝料的 2~3 倍。对于 VAE 乳液基填缝料,其断裂伸长率随各因素水平的变化规律与其峰值应变的变化规律基本一致,三种因素对其断裂伸长率的影响作用次序亦为粉液比>水泥比例>填料种类。对于苯丙乳液基填缝料,三种因素对其断裂伸长率的影响作用次序为粉液比>填料种类>水泥比例,这与对其拉伸强度的影响次序相同。需要注意的是,粉液比的减小使得两种填缝料的断裂伸长率均明显提高,但是随着水泥比例的增大,苯丙乳液基填缝料的断裂伸长率基本不变且略有增大,而 VAE 乳液基填缝料的断裂伸长率则在水泥比例达到 60% 时显著降低。此外,两种填缝料的断裂伸长率均在掺入重质碳酸钙后相对较大。

（4）就拉伸模量指标而言，VAE 乳液基填缝料的拉伸模量同苯丙乳液基填缝料相比普遍较大，这点与拉伸强度一致，同时，三种因素对两种填缝料拉伸模量的影响作用次序及规律也与其各自对拉伸强度的影响次序及规律一致。需要注意的是，在试件的应力-应变曲线上，对于 VAE 乳液基填缝料，只有 V7 组和 V8 组的拉伸模量点位于应力-应变曲线上升段，即拉伸模量对应的应变值小于峰值应变。对于苯丙乳液基填缝料，只有 B5 组、B7 组、B8 组和 B9 组的拉伸模量点位于应力-应变曲线上升段，其余各组试件的拉伸模量点均位于应力-应变曲线的下降段，这点对于填缝材料使用性能的评判及配比优选非常重要，具体分析详见第 2.7 节。

（5）就弹性恢复率指标而言，根据指标变化的极差大小，三种因素对 VAE 乳液基填缝料弹性恢复率的影响作用次序为粉液比＞水泥比例＞填料种类，粉液比及水泥比例的减少均使试件弹性恢复率有所提高，且 VAE 乳液基填缝料在掺入石英粉时弹性恢复率相对较大。对于苯丙乳液基填缝料，由于试件在定伸完成时均出现了严重破坏，故不作弹性恢复率分析。

2.5.3　方差分析

第一批正交试验方差分析结果列于表 2.11 和表 2.12 中，可以看到以下现象：

（1）就拉伸强度指标而言，对于 VAE 乳液基填缝料，水泥比例变化引起的指标波动（贡献率）最大，粉液比次之，填料种类最小，虽然根据三种因素的 F_i 值可知其影响均高度显著，但由于填料种类的贡献率远小于其他两个因素，因此认为其对 VAE 乳液基填缝料拉伸强度的影响不大。对于苯丙乳液基填缝料，其拉伸强度指标波动主要由粉液比变化所致，填料种类的贡献率与误差贡献率接近，可认为其影响不大，水泥比例变化引起的指标离差平方和尚不及误差离差平方和，因此将其并入总试验误差并认为对填缝料拉伸强度无影响。

（2）就峰值应变指标而言，对于 VAE 乳液基填缝料，粉液比变化引起的指标波动最大，水泥比例次之，填料种类虽然经 F 检验可知其影响亦高度显著，但由于其贡献率尚不及误差贡献率，因此认为其影响作用不大。对于苯丙乳液基填缝料，其指标波动主要由粉液比变化引起，水泥比例及填料种类的贡献率均不及误差贡献率，故认为两者的影响作用不大。

（3）就断裂伸长率指标而言，VAE 乳液基填缝料的指标波动主要由粉液比引起，水泥比例次之，填料种类无明显影响，这与其峰值应变的方差分析结果一致。对于苯丙乳液基填缝料，其断裂伸长率指标波动主要由粉液比变化所致，填料种类的贡献率与误差贡献率接近，水泥比例的影响可并入试验误差，这与其拉伸强度的方差分析结果一致。

（4）就拉伸模量指标而言，两种填缝料的方差分析结果与其各自拉伸强度指标的方差分析结果规律基本一致，对于 VAE 乳液基填缝料，三种因素的影响均高度显著,且以水泥比例的贡献率最大,填料种类的贡献率最小。对于苯丙乳液基填缝料,其拉伸模量指标波动主要由粉液比变化所致,填料种类变化的影响次之,水泥比例变化基本无影响。

表 2.11 第一批正交试验方差分析结果(VAE 乳液基填缝料)

指标	因素	S_i^2	f_i	S_i^2/f_i	F_i	ρ_i	显著性
拉伸强度 f_T	粉液比(A)	0.340	2	0.170	79.74	37.5%	＊＊
	水泥比例(B)	0.464	2	0.232	109.05	51.4%	＊＊
	填料种类(C)	0.048	2	0.024	11.25	4.9%	＊＊
	空列误差(e_1)	0.027	2	0.013	/	/	/
	重复试验误差(e_2)	0.016	18	0.001	/	/	/
	总误差(e)	0.043	20	0.002	/	6.2%	/
峰值应变 ε_T	粉液比(A)	3.683	2	1.842	92.87	59.6%	＊＊
	水泥比例(B)	1.662	2	0.831	41.91	26.5%	＊＊
	填料种类(C)	0.375	2	0.188	9.46	5.5%	＊＊
	空列误差(e_1)	0.369	2	0.185	/	/	/
	重复试验误差(e_2)	0.028	18	0.002	/	/	/
	总误差(e)	0.397	20	0.020	/	8.4%	/
断裂伸长率 R_b	粉液比(A)	297 478.73	2	148 739.36	150.37	62.3%	＊＊
	水泥比例(B)	150 475.75	2	75 237.87	76.06	31.3%	＊＊
	填料种类(C)	6 273.40	2	3 136.70	3.17	0.9%	(＊)
	空列误差(e_1)	6 405.88	2	3 202.94	/	/	/
	重复试验误差(e_2)	13 376.82	18	743.15	/	/	/
	总误差(e)	19 782.71	20	989.13	/	5.4%	/
拉伸模量 E_T	粉液比(A)	0.154	2	0.077	97.77	36.3%	＊＊
	水泥比例(B)	0.203	2	0.102	128.99	48.1%	＊＊
	填料种类(C)	0.047	2	0.023	29.62	10.7%	＊＊
	空列误差(e_1)	0.005	2	0.003	/	/	/
	重复试验误差(e_2)	0.011	18	0.001	/	/	/
	总误差(e)	0.016	20	0.001	/	4.9%	/

续 表

指标	因素	S_i^2	f_i	S_i^2/f_i	F_i	ρ_i	显著性
弹性恢复率 R_e	粉液比(A)	0.092	2	0.045 8	124.47	47.2%	＊＊
	水泥比例(B)	0.082	2	0.0412	111.98	42.5%	＊＊
	填料种类(C)	0.011	2	0.005 5	14.93	5.3%	＊＊
	空列误差(e_1)	0.003	2	0.001 6	/	/	/
	重复试验误差(e_2)	0.004	18	0.000 2	/	/	/
	总误差(e)	0.007	20	0.000 4	/	5.0%	/

注:1. $F_{0.2}(2,20)=1.8$, $F_{0.1}(2,20)=2.59$, $F_{0.05}(2,20)=3.49$, $F_{0.01}(2,20)=5.85$;

2. 表中"/"表示没有数据。

表 2.12　第一批正交试验方差分析结果(苯丙乳液基填缝料)

指标	因素	S_i^2	f_i	S_i^2/f_i	F_i	ρ_i	显著性
拉伸强度 f_T	粉液比(A)	0.034 2	2	0.017 1	37.98	55.7%	＊＊
	水泥比例(B)△	0.000 2	2	0.000 1	/	/	/
	填料种类(C)	0.015 6	2	0.007 8	17.36	24.7%	＊＊
	空列误差(e_1)	0.000 7	2	0.000 3	/	/	/
	重复试验误差(e_2)	0.009 0	18	0.000 5	/	/	/
	总误差(e)	0.009 9	22	0.000 5	/	19.6%	/
峰值应变 ε_T	粉液比(A)	0.799	2	0.399	127.51	85.4%	＊＊
	水泥比例(B)	0.042	2	0.021	6.69	3.8%	＊＊
	填料种类(C)	0.025	2	0.013	4.03	2.0%	＊
	空列误差(e_1)	0.025	2	0.012	/	/	/
	重复试验误差(e_2)	0.038	18	0.002	/	/	/
	总误差(e)	0.063	20	0.003	/	8.8%	/
断裂伸长率 R_b	粉液比(A)	21 690.5	2	10 845.2	70.53	74.7%	＊＊
	水泥比例(B)△	451.8	2	225.9	/	/	/
	填料种类(C)	3 565.4	2	1 782.7	11.59	11.3%	＊＊
	空列误差(e_1)	255.8	2	127.9	/	/	/
	重复试验误差(e_2)	2 675.4	18	148.6	/	/	/
	总误差(e)	3 383.1	22	153.7	/	14.0%	/

续 表

指标	因素	S_i^2	f_i	S_i^2/f_i	F_i	ρ_i	显著性
拉伸模量 E_T	粉液比(A)	0.033 5	2	0.016 7	43.55	60.6%	**
	水泥比例(B)	0.000 4	2	0.000 2	/	/	/
	填料种类(C)	0.012 0	2	0.006 0	15.65	20.9%	**
	空列误差(e_1)	0.000 7	2	0.000 3	/	/	/
	重复试验误差(e_2)	0.007 4	18	0.000 4	/	/	/
	总误差(e)	0.008 5	22	0.000 4	/	18.5%	/

注:1.上标 △ 表示该因素变化对指标影响不显著,其所在列的离差平方和并入总误差离差平方和;

2.$F_{0.2}(2,20)=1.8,F_{0.1}(2,20)=2.59,F_{0.05}(2,20)=3.49,F_{0.01}(2,20)=5.85$;

3.$F_{0.2}(2,22)=1.7,F_{0.1}(2,22)=2.56,F_{0.05}(2,22)=3.44,F_{0.01}(2,22)=5.72$;

4.表中"/"表示没有数据。

(5)就弹性恢复率指标而言,VAE乳液基填缝料的指标波动主要由粉液比和水泥比例引起且两者的贡献率基本一致。填料种类虽然经 F 检验可知其影响亦高度显著,但由于其贡献率与误差贡献率相近,故认为其影响作用不大。苯丙乳液基填缝料由于试件在定伸完成时均出现了严重破坏,故不作弹性恢复率分析。

结合 F 检验结果及贡献率大小,两种填缝料各指标的主要影响因素及排序见表 2.13。

表 2.13 各指标主要影响因素及排序(第一批正交试验)

指标 填缝料	拉伸强度	峰值应变	断裂伸长率	拉伸模量	弹性恢复率
VAE 乳液基填缝料	水泥比例> 粉液比	粉液比> 水泥比例	粉液比> 水泥比例	水泥比例> 粉液比	粉液比> 水泥比例
苯丙乳液基填缝料	粉液比	粉液比	粉液比	粉液比	/

通过上述极差及方差分析可以得出以下规律:第一,VAE乳液基填缝料除峰值应变以外,其余各指标均普遍大于同配比的苯丙乳液基填缝料,说明VAE乳液基填缝料的整体强度变形性能较优。第二,粉液比对于两种填缝料各指标均有显著影响,随着粉液比的增大,两种填缝料的强度类指标(拉伸强度、拉伸模量)减小,变形类指标(峰值应变、断裂伸长率、弹性恢复率)增大,说明粉料含量的减少使得填缝料变得更加柔软。第三,水泥比例对两种填缝料各指标的影响因所用乳液种类不同而异。对于 VAE 乳液基填缝料,水泥比例对其各指标变化均有显著影响,随着水泥比例的提高,填缝料的强度类指标增大,变形类指标减小,说明增大水泥

含量使得填缝料变得更加刚硬。对于苯丙乳液基填缝料,水泥比例对其各指标变化无明显影响,随着水泥比例的提高,填缝料各指标基本保持不变或略有增长。第四,对于 VAE 乳液基填缝料,水泥比例对其强度类指标的影响大于粉液比,而对于其变形类指标的影响则小于粉液比。第五,填料种类对两种填缝料各指标的影响均较小,总体上,VAE 乳液基填缝料在掺入重质碳酸钙后有利于其强度性能的提高,在掺入石英粉后有利于其变形性能的提高,苯丙乳液基填缝料在掺入滑石粉后强度变形性能较优。

除此之外,还有以下两方面值得注意:第一,个别指标的方差分析中存在某一因素高度显著($F_i > F_{0.01}$)但相应贡献率较低的情况,例如填料种类对 VAE 乳液基填缝料拉伸强度的影响,出现这一现象的主要原因是由于试验误差引起的指标波动较小,导致 F 检验的灵敏度较大,因此对于因素的作用影响应结合 F_i 值和贡献率大小进行综合判断;第二,对比两种填缝料各指标变化的误差贡献率可以看出,苯丙乳液基填缝料的试验结果离散性总体较大,这可能是由于其干缩程度较大,导致各试件的截面尺寸变化随机性较大。

2.6　助剂种类及掺量研究

2.6.1　直观分析

表 2.14 列出了第二批正交试验的流平性观测结果。从表中可以看出,各组试样均具备良好的流平性,在本章的配比研究范围内,各因素水平变化对试样流平性无明显影响。但是,试验过程中仍发现 Z3,Z4 和 Z8 组试样较其余各组试样更为黏稠,这主要是因为这三组试样配比中掺入了较多的成膜助剂(8%),而成膜助剂的基本作用原理是通过对乳液颗粒的软化和溶解,促使颗粒间界面消失并聚结成膜,因此随着成膜助剂掺量的增加,更多的乳液颗粒溶胀、变大,造成拌合物黏度增大。

表 2.14　第二批正交试验流平性观测结果

试验编号	流平性	试验编号	流平性	试验编号	流平性
Z1	流平性好	Z4	流平性好	Z7	流平性好
Z2	流平性好	Z5	流平性好	Z8	流平性好
Z3	流平性好	Z6	流平性好	Z9	流平性好

图 2.12 列出了第二批正交试验的定伸黏结性观测结果(每组取一个代表性试件)。从图中可以看出:本章的配比研究范围内,各因素水平变化对试样的定伸黏

结性无明显影响,除 Z4 组试件出现了一定程度的失黏破坏以外,其余各组试件均无明显破坏产生,表现出良好的定伸黏结性。Z4 组试件出现失黏破坏的主要原因是其配比中成膜助剂掺量较多(8%)且消泡剂掺量较少(0.3%)。一方面,当成膜助剂掺量较多时,吸附于基材表面毛细管内起黏结作用的乳液颗粒数量就会减少,大部分被软化的乳液颗粒在较短时间内便聚结成膜并形成一定的阻隔作用,导致填缝料黏结强度减小;另一方面,消泡剂掺量较少使得填缝料内尚存较多的微气泡,当这些气泡位于基材黏结表面时,会导致填缝料的有效黏结面积下降。在上述两方面因素综合作用下,填缝料与基材间的黏结性降低,故在定伸状态下出现失黏破坏。

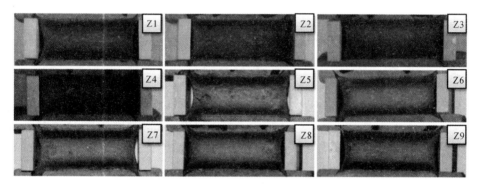

图 2.12　第二批正交试验典型定伸形态

2.6.2　极差分析

表 2.15 列出了第二批正交试验中的定量指标测试结果(仅列出平均值)。

表 2.15　第二批正交试验结果

试验编号	拉伸强度 f_T/MPa	峰值应变 ε_T	断裂伸长率 R_b/(%)	拉伸模量 E_T/MPa	弹性恢复率 R_e/(%)
Z1	0.576	0.403	349.5	0.574	44.6
Z2	0.376	0.785	426.1	0.373	44.2
Z3	0.259	0.595	400.4	0.258	39.4
Z4	0.348	0.579	363.6	0.348	35.7
Z5	0.530	0.486	438.2	0.526	58.9
Z6	0.518	0.234	308.8	0.486	46.0
Z7	0.417	0.457	402.7	0.413	53.0
Z8	0.438	0.237	273.1	0.408	44.7
Z9	0.659	0.443	403.3	0.652	53.6

聚合物水泥复合道面填缝材料制备设计及应用 ------------

表 2.15 中所列数据相应的因素水平变化趋势图如图 2.13 所示,对表中数据进行极差分析(所得结果列于表 2.16 中)可以看到以下现象。

(1)就拉伸强度指标而言,根据指标变化的极差大小,四种因素对填缝料拉伸强度的影响作用次序为成膜助剂掺量>分散剂掺量>消泡剂种类>消泡剂掺量。随着成膜助剂及分散剂掺量的增加,填缝料拉伸强度不断减小;随着消泡剂掺量的增加,填缝料拉伸强度略有增大。掺入不同种类消泡剂的填缝料按拉伸强度由大到小依次为 SN345>SN154>NXZ。

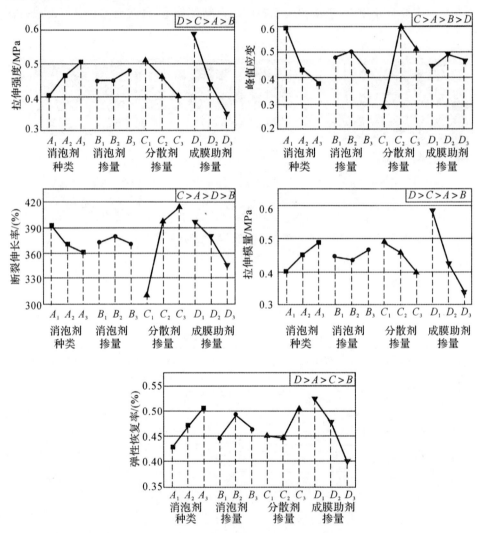

图 2.13　第二批正交试验因素水平变化趋势图

表 2.16 第二批正交试验极差分析结果

因素	拉伸强度 f_T/MPa				峰值应变 ϵ_T				断裂伸长率 R_b/(%)				拉伸模量 E_T/MPa				弹性恢复率 R_e/(%)			
	k_1	k_2	k_3	极差 R	k_1	k_2	k_3	极差 R	k_1	k_2	k_3	极差 R	k_1	k_2	k_3	极差 R	k_1	k_2	k_3	极差 R
消泡剂种类（A）	0.404	0.465	0.505	0.101	0.594	0.433	0.379	0.215	392.0	370.2	359.7	32.3	0.402	0.453	0.491	0.089	42.7	46.9	50.4	7.7
消泡剂掺量（B）	0.447	0.448	0.479	0.032	0.480	0.503	0.424	0.079	371.9	379.1	370.8	8.3	0.445	0.435	0.465	0.030	44.4	49.3	46.3	4.8
分散剂掺量（C）	0.511	0.461	0.402	0.108	0.292	0.602	0.513	0.310	310.5	397.6	413.8	103.3	0.489	0.457	0.399	0.090	45.1	44.5	50.4	5.9
成膜助剂掺量（D）	0.588	0.437	0.348	0.240	0.444	0.492	0.470	0.048	397.0	379.2	345.7	51.3	0.584	0.424	0.338	0.246	52.4	47.7	39.9	12.4

（2）就峰值应变指标而言,根据指标变化的极差大小,四种因素对填缝料拉伸强度的影响作用次序为分散剂掺量＞消泡剂种类＞消泡剂掺量＞成膜助剂掺量。随着分散剂、消泡剂、成膜助剂掺量的增加,填缝料峰值应变均呈现先增大后减小的变化趋势。掺入不同种类消泡剂的填缝料按峰值应变由大到小依次为 NXZ＞SN154＞SN345。

（3）就断裂伸长率指标而言,根据指标变化的极差大小,四种因素对填缝料拉伸强度的影响作用次序为分散剂掺量＞成膜助剂掺量＞消泡剂种类＞消泡剂掺量。分散剂和成膜助剂掺量的增加分别造成填缝料断裂伸长率增大和减小,不同消泡剂掺量下填缝料断裂伸长率基本保持不变。掺入不同种类消泡剂的填缝料按断裂伸长率由大到小依次为 NXZ＞SN154＞SN345。

（4）就拉伸模量指标而言,根据指标变化的极差大小,四种因素对填缝料拉伸强度的影响作用次序为成膜助剂掺量＞分散剂掺量＞消泡剂种类＞消泡剂掺量,这与对拉伸强度的影响次序一致,此外,各因素水平变化对拉伸模量的影响规律也与其对拉伸强度的影响规律一致。

（5）就弹性恢复率指标而言,根据指标变化的极差大小,四种因素对填缝料拉伸强度的影响作用次序为成膜助剂掺量＞消泡剂种类＞分散剂掺量＞消泡剂掺量。成膜助剂和分散剂掺量的增加分别使得填缝料弹性恢复率减小和增大,不同消泡剂掺量下填缝料弹性恢复率基本保持不变。掺入不同种类消泡剂的填缝料按弹性恢复率由大到小依次为 SN345＞SN154＞NXZ。

2.6.3　方差分析

第二批正交试验方差分析结果列于表 2.17 中。可以看到以下现象:

（1）就拉伸强度指标而言,成膜助剂掺量变化引起的指标波动(贡献率)最大,分散剂掺量次之,消泡剂种类最小,虽然三种因素经 F 检验其影响均高度显著,但分散剂掺量及消泡剂种类的贡献率与误差贡献率近似,故认为仅成膜助剂掺量是影响填缝料拉伸强度的主要因素。此外,消泡剂掺量变化引起的指标离差平方和与误差离差平方和接近,故将其并入总试验误差并认为对填缝料拉伸强度无影响。

（2）就峰值应变指标而言,分散剂掺量变化引起的指标波动最大,消泡剂种类次之,消泡剂掺量及成膜助剂掺量的贡献率尚不及误差贡献率,故认为二者对填缝料峰值应变的影响不大。

（3）就断裂伸长率指标而言,分散剂掺量变化引起的指标波动最大,是主要影响因素,成膜助剂掺量和消泡剂种类的影响较小,消泡剂掺量的影响可并入试验误差。此外,总试验误差的贡献率达到了 28.3%,说明断裂伸长率的试验结果离散性较大。

(4)就拉伸模量指标而言,其方差分析结果与拉伸强度指标的方差分析结果规律一致,即成膜助剂掺量为主要影响因素,分散剂掺量及消泡剂种类影响较小,消泡剂掺量的影响可并入试验误差。

表 2.17   第二批正交试验方差分析结果

指标	因素	S_i^2	f_i	S_i^2/f_i	F_i	ρ_i	显著性
拉伸强度 f_T	消泡剂种类(A)	0.047	2	0.023 4	12.73	10.7%	＊＊
	消泡剂掺量(B)△	0.006	2	0.003 0	/	/	/
	分散剂掺量(C)	0.053	2	0.026 5	14.46	12.3%	＊＊
	成膜助剂掺量(D)	0.265	2	0.132 7	72.30	65.1%	＊＊
	重复试验误差(e_2)	0.031	18	0.001 7	/	/	/
	总误差(e)	0.037	20	0.001 8	/	11.9%	/
峰值应变 ε_T	消泡剂种类(A)	0.225	2	0.112 7	100.59	29.9%	＊＊
	消泡剂掺量(B)	0.030	2	0.014 8	13.17	3.7%	＊＊
	分散剂掺量(C)	0.460	2	0.229 9	205.15	61.4%	＊＊
	成膜助剂掺量(D)	0.010	2	0.005 2	4.66	1.1%	＊
	重复试验误差(e_2)	0.020	18	0.001 1	/	/	/
	总误差(e)	0.020	18	0.001 1	/	3.9%	/
断裂伸长率 R_b	消泡剂种类(A)	4 878.7	2	2 439.3	2.42	3.0%	——
	消泡剂掺量(B)△	367.5	2	183.7	/	/	/
	分散剂掺量(C)	55 594.6	2	27 797.3	27.52	57.7%	＊＊
	成膜助剂掺量(D)	12 207.1	2	6 103.5	6.04	11.0%	＊＊
	重复试验误差(e_2)	19 833.0	18	1 101.8	/	/	/
	总误差(e)	20 200.6	20	1 010.0	/	28.3%	/
拉伸模量 E_T	消泡剂种类(A)	0.036	2	0.018 1	10.49	8.4%	＊＊
	消泡剂掺量(B)△	0.004	2	0.002 1	/	/	/
	分散剂掺量(C)	0.038	2	0.018 8	10.86	8.8%	＊＊
	成膜助剂掺量(D)	0.281	2	0.140 4	81.28	71.3%	＊＊
	重复试验误差(e_2)	0.030	18	0.001 7	/	/	/
	总误差(e)	0.035	20	0.001 7	/	11.5%	/

续 表

指标	因素	S_i^2	f_i	S_i^2/f_i	F_i	ρ_i	显著性
弹性恢复率 R_e	消泡剂种类(A)	0.027	2	0.013 4	18.39	18.1%	＊＊
	消泡剂掺量(B)	0.011	2	0.005 3	7.26	6.5%	＊＊
	分散剂掺量(C)	0.019	2	0.009 4	12.94	12.4%	＊＊
	成膜助剂掺量(D)	0.071	2	0.035 5	48.67	49.5%	＊＊
	重复试验误差(e_2)	0.013	18	0.000 7	/	/	/
	总误差(e)	0.013	18	0.000 7	/	13.5%	/

注:1.上标 △ 表示该因素变化对指标影响不显著,其所在列的离差平方和并入总误差离差平方和;

2.$F_{0.2}(2,18)=1.8$,$F_{0.1}(2,18)=2.62$,$F_{0.05}(2,18)=3.55$,$F_{0.01}(2,18)=6.01$;

3.$F_{0.2}(2,20)=1.8$,$F_{0.1}(2,20)=2.59$,$F_{0.05}(2,20)=3.49$,$F_{0.01}(2,20)=5.85$;

4.表中“/”表示没有数据。

(5)就弹性恢复率指标而言,成膜助剂掺量变化引起的指标波动最大,是主要影响因素,其他三个因素的影响虽经 F 检验呈高度显著,但由于其贡献率与误差贡献率近似,故认为其影响较小。

结合 F 检验结果及贡献率大小,填缝料各指标的主要影响因素及排序见表2.18。

表 2.18　各指标主要影响因素及其排序(第二批正交试验)

拉伸强度	峰值应变	断裂伸长率	拉伸模量	弹性恢复率
成膜助剂掺量	分散剂掺量＞消泡剂种类	分散剂掺量	成膜助剂掺量	成膜助剂掺量

2.6.4　规律

通过上述极差及方差分析可以得出以下规律:第一,成膜助剂掺量对填缝料强度类指标(拉伸强度、拉伸模量)及弹性恢复率具有显著影响,即成膜助剂越多,填缝料强度及弹性恢复率越低,这说明增大成膜助剂掺量使得填缝材料变软。成膜助剂对聚合物乳液颗粒的软化作用是造成这一现象的主要原因。第二,分散剂掺量对填缝料峰值应变和断裂伸长率具有显著影响。总体上,随着分散剂掺量的增加,填缝料变形类指标(峰值应变、断裂伸长率、弹性恢复率)有所增大,这主要是因为适当增大分散剂掺量能够促进无机粉料颗粒的解聚分散,使得填缝料内部能够形成更加均匀、完整的三维聚合物网状膜结构[184],从而增强了填缝料的受拉变形性能。然而,分散剂掺量也不宜过大,否则会对填缝料的强度变形性能造成不利影响。这是因为分散剂本身即为一类表面活性物质,因此掺入过多的分散剂会引入大量气泡,进而对填缝料性能产生一系列负面效应。第三,消泡剂种类对填缝料各指标影响相对较小。总体上,掺入 SN345 型消泡剂后强度类指标和弹性恢复率最大,峰值应变及断裂伸长率最小,而掺入 NXZ 型消泡剂后则刚好相反。这可能是因为 SN345 型消泡剂的消泡抑泡能力更强,因而填缝料整体密实度及强度得以提高。第四,消泡剂掺量对填缝料各指标影响远小于其他三个因素,总体上,当消泡剂掺量达到 0.5% 时,填缝料的变形性能相对最优。

2.7　基础配比分析及确定

2.7.1　配比优选标准

实际施工及使用过程中对填缝材料的性能要求涉及多个方面,因此对填缝料基础配比的确定不能单纯基于某个指标的优劣进行评判,而是应当在整体考虑多个性能指标的基础上进行综合比较优选。现有相关标准及研究对普通有机高分子类填缝料的性能已做出了多项指标规定,受不同材料种类、应用背景等因素的影响,这些指标的具体测试方法及范围虽然不尽相同,但其反映出的对填缝材料的性能要求是一致的,例如良好的工作性能、变形适应性、黏结性和耐候性等。本书所制备的聚合物水泥复合道面填缝料虽然就物质成分而言与有机高分子类填缝料存在一定差别,但二者应满足的主要性能要求总体上并无较大差异。

在此结合现有相关标准要求,针对本章关注的基本工作性能及黏结变形性能,对各原料种类及配比参数的优选原则明确如下:

(1)新拌填缝料应具备良好的流平性,浇注试件表面应确保光滑平整。目的是保证填缝材料的基本施工性能。

(2)填缝料在定伸状态下不发生失黏破坏和内聚破坏。目的是保证填缝料具备良好的黏结性及抗拉性能。

(3)常温下填缝料的拉伸模量应不大于 0.4 MPa。目的是保证填缝料具备良好的柔韧性,防止因内聚强度过高而出现失黏破坏。需要说明的是,由于聚合物水泥复合道面填缝料内含有水泥组分,而水泥的水化作用通常会持续一段较长的时间,因此填缝料的强度会随着龄期的增长有所变化提高。鉴于此,本书中对于上述拉伸模量的要求仅针对养护龄期为 28 d 的填缝料试件。

(4)常温下填缝料的弹性恢复率应不小于 60%。目的是保证填缝料具备良好的回弹变形和位移适应能力。需要说明的是,现有相关标准要求对填缝料弹性恢复率的下限值要求在 60%～80% 之间,考虑到本书所制备填缝料的聚合物组分为水性乳液且含有大量无机填料及水泥,故其弹性恢复能力同纯有机高分子类填缝料相比必定有所差别,因而对其要求无须过分严格,只需满足使用需求即可,故本章在此确定弹性恢复率下限为 60%。

(5)填缝料的峰值应变应大于其拉伸模量对应的应变值,即拉伸模量对应的点应位于填缝料拉伸应力-应变曲线的上升段。这是因为,若拉伸模量对应的点位于应力-应变曲线的下降段,虽然其值也能满足不大于 0.4 MPa 的要求,但这可能是试件在经过拉伸强度(峰值应变)点后出现一定程度的破坏进而造成的强度降低,并非填缝料自身柔韧性较好而具备较低的内聚强度,反而说明其内聚强度过高、变形性较差。此外,拉伸模量对应的应变值与填缝料定伸试验达到的应变值通常一致,因此该要求也有利于控制填缝料在长期定伸状态下的黏结抗拉性能。现有相关标准之所以对这一点未提出明确要求,是因为有机高分子类填缝料通常较柔软,峰值应变较大。而本书所制备的填缝料由于含有大量填料、水泥等无机组分,因此会出现内聚强度过高、峰值应变过小的情况。为进一步确保填缝料具备良好的变形柔韧性,需对其峰值应变大小进行控制。

(6)在满足上述要求的基础上,尽可能优先选用使填缝料变形类指标较大的原料种类或配比参数,从而提高填缝料整体的柔韧性及位移适应能力。同时,应尽可能提高水泥用量,从而提高填缝料的耐久、耐候性能。

2.7.2　基础配比确定及性能检验

第 2.5 节和第 2.6 节中已通过正交试验方法,研究了不同原料种类及配比参数变化对聚合物水泥复合道面填缝材料基本工作性能及黏结变形性能的影响,现在根据所得试验结果及规律,参照第 2.7.1 节中的优选原则,对本书所制备填缝料的基础配比进行逐步确定。

(1)聚合物乳液种类。聚合物乳液选用 VAE 乳液,原因在于:第一,VAE 乳液基填缝料的各强度、变形指标整体优于同配比的苯丙乳液基填缝料;第二,苯丙乳液基填缝料在定伸状态下均出现了较为严重的失黏、内聚破坏,不满足黏结抗拉性要求;第三,苯丙乳液基填缝料性能对水泥掺量变化不敏感,说明水泥在其内部更多是以填料的形式存在,难以有效发挥其应有功效;第四,苯丙乳液稠度较稀,导致所制备填缝料在成型硬化后干缩较大,性能稳定性较差。

(2)粉液比及水泥比例。粉液比选用 0.45,水泥比例选用 35%,原因在于:只有粉液比为 0.45,水泥比例为 10% 或 35% 的 VAE 乳液基填缝料试样(V7 组和 V8 组)同时满足拉伸模量、弹性恢复率以及峰值应变要求,并且具备较好的流平性和定伸黏结性能。通过图 2.14 所示的拉伸应力-应变曲线及破坏形态也可看出,当粉液比增至 0.85 或 0.65,或者水泥比例增至 60% 时,填缝料柔韧性较差、内聚强度过大,导致应力-应变曲线上升段过短且无明显屈服拉伸阶段,破坏时出现了严重的失黏脱边现象。进一步根据提高水泥用量的原则,确定水泥比例为 35%。

（3）填料种类。填料选用石英粉，原因在于：第一，石英粉自身性质稳定，且表面较为粗糙，易与聚合物组分相黏结；第二，同其他两种填料相比，VAE 乳液基填缝料在掺入石英粉后强度适中，变形性能较优，符合变形优先的选用原则。

（4）成膜助剂掺量。成膜助剂掺量选用 6%，原因在于：当成膜助剂掺量为 8%时，其对乳液颗粒的软化作用过大，导致填缝料较稠且各项强度、变形指标均有所下降；当成膜助剂掺量为 2%时，填缝料的整体柔韧性变差，且掺量过小不利于其辅助成膜作用的发挥，因此，当成膜助剂掺量为 5%时相对最优。进一步，考虑到实际应用中可能会通过继续减小粉液比或复掺聚合物乳胶粉的方式提高聚合物组分含量，进而增强填缝料的变形黏结性能，因此将成膜助剂掺量调整为 6%。

（5）分散剂掺量。分散剂掺量选用 0.7%，原因在于：当分散剂掺量为 0.3%时，粉料颗粒的分散效果较差，导致填缝料过于刚硬，柔韧性较差；当分散剂掺量为 1.2%时，可能由于其掺量过大导致引入大量气泡，进而对填缝料拉伸强度、峰值应变等指标造成了一定负面影响。因此，当分散剂掺量为 0.7%时相对最优。

（6）消泡剂种类及掺量。消泡剂选用 SN345 型消泡剂，消泡剂掺量选用 0.5%，原因在于：第一，SN345 型消泡剂的消抑泡能力更强，且在掺入 SN345 型消泡剂后填缝料的强度类指标及弹性恢复率更大，这也从侧面反映出其消泡效果及适用性更好；第二，当消泡剂掺量为 0.5%时，填缝料的变形性能相对最优，符合变形优先的选用原则。

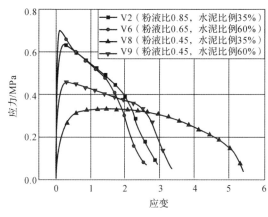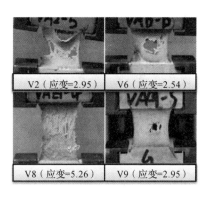

图 2.14　VAE 乳液基填缝料典型拉伸应力-应变曲线及破坏形态

综上所述，确定了本书所制备的聚合物水泥复合道面填缝料基础配比（见表2.19），实际工程中所用原料（特别是乳液）应与本书所用各原料的技术性能指标相近，否则应对其配比进行重新调整。此外，表 2.19 给出的基础配比仅为本章试验参数范围内的相对最佳配比，其确定依据也仅为填缝料应满足的基本工作性能和黏结变形性,下一步还需结合其他力学、耐久性试验对填缝料的原料种类及配比参数进行进一步细化研究。

表 2.19　聚合物水泥复合道面填缝材料基础配比

原料种类	乳液	水泥	填料	消泡剂	成膜助剂	分散剂
	Celvolit 1350 VAE 乳液	42.5 级普通硅酸盐水泥	石英粉	SN－345 型硅酮类消泡剂	DN－12 型成膜助剂	SN－5040 型分散剂
配比参数	粉液比	水泥比例	消泡剂掺量	成膜助剂掺量	分散剂掺量	
	0.45	粉料总质量的 35%	乳液及粉料总质量的 0.5%	乳液质量的 6%	乳液及粉料总质量的 0.7%	

2.8　小　　结

本章以正交试验设计为基础,通过流平性试验、定伸黏结试验和拉伸试验,研究了不同原料种类及配比参数对聚合物水泥复合道面填缝材料基本工作性能和变形黏结性能的影响,分析了各因素水平变化对各指标值的影响程度及作用规律,在此基础上,结合现有相关标准要求,优选确定了聚合物水泥复合道面填缝材料的基础配比。本章主要结论如下:

(1)影响聚合物水泥复合道面填缝材料性能的主要因素为乳液种类、粉液比、水泥比例、成膜助剂掺量及分散剂掺量,而填料种类、消泡剂掺量及消泡剂种类的影响相对较弱。

(2)VAE 乳液基填缝料的整体性能优于苯丙乳液基填缝料。减小粉液比有利于提高填缝料的柔韧性,水泥比例对填缝料性能的影响与所用乳液种类有关。对于 VAE 乳液基填缝料,增大水泥比例使其刚硬性增大,柔韧性降低;对于苯丙乳液基填缝料,水泥比例变化对其性能无明显影响。

(3)成膜助剂及分散剂存在一个相对最佳掺量,掺量过小难以发挥其应有功效,掺量过大则会对填缝料的强度变形性能造成一定负面影响。硅酮类消泡剂的适用性更好,掺入后填缝料强度类指标和弹性恢复率相对较大,峰值应变及断裂伸长率相对较小。

(4)VAE 乳液基填缝料在掺入重质碳酸钙后强度指标更大,在掺入石英粉后变形性能更好;苯丙乳液基填缝料在掺入滑石粉后综合性能较优。

(5)聚合物水泥复合道面填缝材料的基础配比为粉液比 0.45,水泥比例 35%,消泡剂掺量 0.5%,分散剂掺量 0.7%,成膜助剂掺量 6%;相应的原料种类为 VAE 乳液,42.5 普通硅酸盐水泥,石英粉,硅酮类消泡剂,聚羧酸钠盐类分散剂,十二碳醇酯成膜助剂。

第3章
聚合物水泥复合道面填缝材料的工作性能及力学性能

3.1 引 言

第 2 章通过正交试验确定了聚合物水泥复合道面填缝材料的基础配比,但尚存在以下几方面不足,并有待进一步研究:首先,由于正交试验中因素水平个数有限,部分因素的最优取值及其合理取值范围,以及其他一些改性材料对填缝料性能的影响等还需通过相应的单因素试验进行细化研究;其次,在进行因素影响分析时,尽管利用正交试验的综合可比性最大限度地排除了其他因素的干扰,但是受正交试验方法本身模型误差及因素间交互作用的影响,部分主要因素的影响作用规律还需进一步明确,从而为填缝料配比设计、调整提供准确依据;最后,在实际工况中,由机轮荷载作用引起的竖向剪切力对填缝料使用性能的影响不可忽略[95],因此还需对其抗剪性能展开系统研究,同时,对填缝料的工作性能及定伸、拉伸性能也尚需进一步深入研究。

本章以第 2 章所得基础配比为对照组,以流平性试验、灌入稠度试验以及定伸、拉伸、剪切试验为主要研究手段,系统研究主要配比参数变化、粉料混掺及种类变化、聚合物组分变化以及掺入其他外加剂或纤维等对聚合物水泥复合道面填缝材料工作、力学性能的影响,分析各指标变化的原因及机理,在此基础上,根据所得试验结果及规律,得出各原料配比参数的合理取值及应用范围。

3.2 试验设计及方法

3.2.1 试验原材料

聚合物乳液仍采用 Celvolit1350 型 VAE 乳液和 Acronal S400F 型苯丙乳液。

水泥种类共 4 种,除了第 2 章中用到的 42.5 级普通硅酸盐水泥(P·O 42.5)外,还包括 32.5R 级普通硅酸盐水泥(P·O 32.5R),32.5 级白水泥(P·W 32.5)和 42.5 级快硬硫铝酸盐水泥(R·SAC 42.5)。

填料种类共 4 种,除了第 2 章中用到的滑石粉、石英粉和重质碳酸钙外,还包括 800 目云母粉（325 目筛余≤1%,pH 值为 5.0～7.0,吸油量为 28～ 35 g/100 g）。

可再分散乳胶粉采用德国瓦克公司生产的 5044N 型醋酸乙烯酯/乙烯共聚乳 胶粉,技术指标见表 3.1。

表 3.1 乳胶粉技术指标

外观	固含量	灰分	稳定体系	粒径	水溶性	相应乳液颗粒尺寸	相应乳液 T_g	相应乳液 MFT
白色粉末	(99±1)%	(10±2)%	聚乙烯醇	400 μm 筛余≤4%	5%	1～7 μm	0 ℃	0 ℃

分散剂、消泡剂及成膜助剂分别采用第 2 章中的 SN - 5040 型分散剂,SN - 345 型消泡剂以及 DN - 12 型成膜助剂;增塑剂采用邻苯二甲酸二辛酯,纯度≥ 99%;偶联剂采用硅烷偶联剂,密度为 0.942～0.950 g/cm³,纯度≥97%;缓凝剂 采用由萘磺酸钠甲醛缩合物复配而成的粉体缓凝剂,有效含量为 45～55%,pH 值 为 7.0～8.0。

纤维增强材料采用短切碳纤维,拉伸强度为 4 100 MPa,抗拉模量为 240 GPa, 密度为 1.78 g/cm³。

3.2.2 试验方案及配比设计

本章以表 2.18 中所列基础配比为对照组（DZ 组）,主要研究四方面配比因素 变化,即主要配比参数变化、粉料混掺及种类变化、聚合物组分变化以及掺入其他 外加剂或纤维,对填缝料工作性能及力学性能的影响。表 3.2～表 3.10 列出了各 组试验相应的配比（为便于对比分析,对照组在各组配比内均采用统一编号,并在 其后括号内附加 DZ 标识）。其中,主要配比参数变化分别考虑粉液比变化（Y1～ Y6）和水泥比例变化（CR1～CR8）,粉料混掺及种类变化分别考虑水泥种类变化 （CT1～CT5）和填料混掺（T1～T4）,聚合物组分变化分别考虑乳液混掺（H1～ H5）和外掺可再分散乳胶粉（J1～J5）,其他外加剂或纤维分别考虑外掺增塑剂 （ZS1～ZS5）、偶联剂（OL1～OL4）和碳纤维（X1～X5）。

表 3.2 粉液比变化研究配比

试验编号	配比参数		每份原料配比（质量份）					
	粉液比	水泥比例	VAE 乳液	石英粉	P·O 42.5 水泥	SN - 5040 型分散剂	SN - 345 型消泡剂	DN - 12 型成膜助剂
Y1	0.30	35%	100	19.5	10.5	0.91	0.65	6
Y2	0.35	35%	100	22.8	12.2	0.95	0.68	6

续 表

试验编号	配比参数		每份原料配比（质量份）					
	粉液比	水泥比例	VAE乳液	石英粉	P·O 42.5水泥	SN-5040型分散剂	SN-345型消泡剂	DN-12型成膜助剂
Y3	0.40	35%	100	26.0	14.0	0.98	0.70	6
Y4(DZ)	0.45	35%	100	29.2	15.8	1.02	0.73	6
Y5	0.50	35%	100	32.5	17.5	1.05	0.75	6
Y6	0.55	35%	100	35.8	19.2	1.09	0.78	6

注:1.每份原料配比（质量份）的单位可取 g 或 kg 等,下列各表（表3.3～表3.10）同;

　　2.消泡剂掺量为乳液与粉料总质量的 0.5%,下列各表（表3.3～表3.10）同;

　　3.分散剂掺量为乳液与粉料总质量的 0.7%,下列各表（表3.3～表3.10）同;

　　4.成膜助剂掺量为乳液质量的 6%,下列各表（表3.3～表3.10）同。

表 3.3　水泥比例变化研究配比

试验编号	配比参数		每份原料配比（质量份）					
	粉液比	水泥比例	VAE乳液	石英粉	P·O 42.5水泥	SN-5040分散剂	SN-345消泡剂	DN-12成膜助剂
CR1	0.45	25%	100	33.8	11.2	1.02	0.73	6
CR2	0.45	30%	100	31.5	13.5	1.02	0.73	6
CR3(DZ)	0.45	35%	100	29.2	15.8	1.02	0.73	6
CR4	0.45	40%	100	27.0	18.0	1.02	0.73	6
CR5	0.45	45%	100	24.8	20.2	1.02	0.73	6
CR6	0.45	50%	100	22.5	22.5	1.02	0.73	6
CR7	0.60	25%	100	45.0	15.0	1.12	0.80	6
CR8	0.60	40%	100	36.0	24.0	1.12	0.80	6

表 3.4　水泥种类变化研究配比

试验编号	配比参数			每份原料配比（质量份）						
	粉液比	水泥比例	水泥种类	VAE乳液	石英粉	水泥	SN-5040分散剂	SN-345消泡剂	DN-12成膜助剂	缓凝剂
CT1(DZ)	0.45	35%	P·O 42.5	100	29.2	15.8	1.02	0.73	6	/
CT2	0.45	35%	P·O 32.5R	100	29.2	15.8	1.02	0.73	6	/
CT3	0.45	35%	P·W 32.5	100	29.2	15.8	1.02	0.73	6	/

续 表

试验编号	配比参数			每份原料配比（质量份）						
	粉液比	水泥比例	水泥种类	VAE乳液	石英粉	水泥	SN-5040分散剂	SN-345消泡剂	DN-12成膜助剂	缓凝剂
CT4	0.45	35%	R·SAC 42.5	100	29.2	15.8	1.02	0.73	6	0.9
CT5	0.45	35%	P·O 42.5	100	29.2	11.1	1.02	0.73	6	0.3
			R·SAC 42.5			4.7				

注：1. CT5组中硫铝酸盐水泥质量占水泥总质量的30%；
2. CT4组和CT5组中缓凝剂掺量为硫铝酸盐水泥质量的3%。

表3.5 填料混掺影响研究配比

试验编号	配比参数			每份原料配比（质量份）					
	粉液比	水泥比例	填料种类	VAE乳液	填料	P·O 42.5水泥	SN-5040分散剂	SN-345消泡剂	DN-12成膜助剂
T1(DZ)	0.45	35%	石英粉	100	29.2	15.8	1.02	0.73	6
T2	0.45	35%	石英粉	100	17.5	15.8	1.02	0.73	6
			重质碳酸钙		11.7				
T3	0.45	35%	石英粉	100	17.5	15.8	1.02	0.73	6
			滑石粉		11.7				
T4	0.45	35%	石英粉	100	17.5	15.8	1.02	0.73	6
			云母粉		11.7				

注：重质碳酸钙、滑石粉以及云母粉的掺量为填料总质量的40%。

表3.6 乳液混掺影响研究配比

试验编号	配比参数				每份原料配比（质量份）					
	粉液比	水泥比例	苯丙乳液掺量	乳液种类	乳液	石英粉	P·O 42.5水泥	SN-5040分散剂	SN-345消泡剂	DN-12成膜助剂
H1(DZ)	0.45	35%	0	VAE乳液	100	29.2	15.8	1.02	0.73	6
H2	0.45	35%	10%	VAE乳液	90	29.2	15.8	1.02	0.73	6
				苯丙乳液	10					
H3	0.45	35%	20%	VAE乳液	80	29.2	15.8	1.02	0.73	6
				苯丙乳液	20					

续　表

| 试验编号 | 配比参数 | | | | | 每份原料配比(质量份) | | | | | |
	粉液比	水泥比例	苯丙乳液掺量	乳液种类	乳液	石英粉	P·O 42.5 水泥	SN-5040 分散剂	SN-345 消泡剂	DN-12 成膜助剂
H4	0.45	35%	30%	VAE乳液	70	29.2	15.8	1.02	0.73	6
				苯丙乳液	30					
H5	0.45	35%	40%	VAE乳液	60	29.2	15.8	1.02	0.73	6
				苯丙乳液	40					

注:苯丙乳液掺量为苯丙乳液质量占乳液总质量的百分比。

表 3.7　外掺乳胶粉影响研究配比

| 试验编号 | 配比参数 | | | 每份原料配比(质量份) | | | | | | |
	粉液比	水泥比例	乳胶粉掺量	VAE乳液	石英粉	P·O 42.5 水泥	乳胶粉	SN-5040 分散剂	SN-345 消泡剂	DN-12 成膜助剂
J1(DZ)	0.45	35%	0	100	29.2	15.8	0	1.02	0.73	6
J2	0.45	35%	2.5%	100	29.2	15.8	2.5	1.02	0.73	6
J3	0.45	35%	5.0%	100	29.2	15.8	5.0	1.02	0.73	6
J4	0.45	35%	7.5%	100	29.2	15.8	7.5	1.02	0.73	6
J5	0.45	35%	10.0%	100	29.2	15.8	10.0	1.02	0.73	6

注:乳胶粉掺量为乳胶粉质量占乳液质量的百分比。

表 3.8　外掺增塑剂影响研究配比

| 试验编号 | 配比参数 | | | 每份原料配比(质量份) | | | | | | |
	粉液比	水泥比例	增塑剂掺量	VAE乳液	石英粉	P·O 42.5 水泥	增塑剂	SN-5040 分散剂	SN-345 消泡剂	DN-12 成膜助剂
ZS1(DZ)	0.45	35%	0	100	29.2	15.8	0	1.02	0.73	6
ZS2	0.45	35%	1%	100	29.2	15.8	1	1.02	0.73	6
ZS3	0.45	35%	2%	100	29.2	15.8	2	1.02	0.73	6
ZS4	0.45	35%	3%	100	29.2	15.8	3	1.02	0.73	6
ZS5	0.45	35%	4%	100	29.2	15.8	4	1.02	0.73	6

注:增塑剂掺量为增塑剂质量占乳液质量的百分比。

表 3.9 外掺偶联剂影响研究配比

试验编号	配比参数			每份原料配比(质量份)						
	粉液比	水泥比例	偶联剂掺量	VAE乳液	石英粉	P·O 42.5水泥	偶联剂	SN-5040分散剂	SN-345消泡剂	DN-12成膜助剂
OL1(DZ)	0.45	35%	0	100	29.2	15.8	0	1.02	0.73	6
OL2	0.45	35%	1%	100	29.2	15.8	0.45	1.02	0.73	6
OL3	0.45	35%	2%	100	29.2	15.8	0.90	1.02	0.73	6
OL4	0.45	35%	3%	100	29.2	15.8	1.35	1.02	0.73	6

注:偶联剂掺量为偶联剂质量占总粉料质量的百分比。

表 3.10 外掺碳纤维影响研究配比

试验编号	配比参数			每份原料配比(质量份)						
	粉液比	水泥比例	碳纤维掺量	VAE乳液	石英粉	P·O 42.5水泥	碳纤维	SN-5040分散剂	SN-345消泡剂	DN-12成膜助剂
X1(DZ)	0.45	35%	0	100	29.2	15.8	0	1.02	0.73	6
X2	0.45	35%	0.05%	100	29.2	15.8	0.073	1.02	0.73	6
X3	0.45	35%	0.10%	100	29.2	15.8	0.145	1.02	0.73	6
X4	0.45	35%	0.15%	100	29.2	15.8	0.218	1.02	0.73	6
X5	0.45	35%	0.20%	100	29.2	15.8	0.290	1.02	0.73	6

注:碳纤维掺量为碳纤维质量占乳液与粉料总质量的百分比。

3.2.3 试件制备及试验方法

用于定伸试验、拉伸试验和剪切试验的试件相同,基本按照第 2.4.1 节所述方法进行制备,乳胶粉在掺入前需先与其他无机粉料干混均匀,增塑剂、偶联剂、缓凝剂和碳纤维的掺入时机与分散剂和成膜助剂相同。部分制备好的填缝料试件如图 3.1 所示。

具体试验方法如下:

(1)流平性试验、定伸黏结试验及拉伸试验的试验方法均同第 2.4.2 节所述。

(2)灌入稠度试验。试验时,先关闭铝制试样桶(见图 3.2,试样桶底部开孔直径为 10 mm)底部开关并倒入 45 mL 预先准备好的新拌填缝料,而后打开底部开关并开始计时,待试样桶内填缝料流入下盛烧杯中的体积达到 30 mL 后停止计时,相应的时间即为填缝料的灌入稠度。

图 3.1　部分制备好的填缝料试件

（3）剪切试验。剪切试验仍采用上海和晟仪器有限公司生产的 HS－3001B 型电子拉力试验机，试验时，先将试件装入特制的剪切夹具（见图 3.3），确保水泥砂浆基材固定夹紧，而后以 5 mm/min 的速率向上提升右侧上升端直至试件达到规定的断点比例（10％），并记录相应的荷载－位移曲线。所有剪切试验均在室内环境下完成，每组试验重复 3 次，结果取其平均值。

 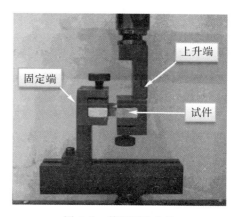

图 3.2　灌入稠度测试仪　　　　　　　　图 3.3　剪切试验夹具

3.3　工　作　性　能

各组试样的流平性观测结果列于表 3.11 中。可以看出，除 J5 组试样以外，其余各组试样均具备较好的自流平性，浇注后试件表面能满足光滑平整的要求，而 J5 组试样由于掺入了较多的乳胶粉，导致试样稠度过大，流平性较差。

表 3.11 流平性及定伸黏结性观测结果

试验编号	流平性	定伸黏结性	试验编号	流平性	定伸黏结性	试验编号	流平性	定伸黏结性	试验编号	流平性	定伸黏结性
DZ	◇	○	CR6	◇	○	H2	◇	○	ZS4	◇	○
Y1	◇	○	CR7	◇	★	H3	◇	○	ZS5	◇	○
Y2	◇	○	CR8	◇	★	H4	◇	★	OL2	◇	○
Y3	◇	○	CT2	◇	★	H5	◇	★	OL3	◇	○
Y5	◇	○	CT3	◇	★	J2	◇	○	OL4	◇	○
Y6	◇	○	CT4	◇	○	J3	◇	○	X2	◇	○
CR1	◇	▲	CT5	◇	○	J4	◇	○	X3	◇	○
CR2	◇	○	T2	◇	○	J5	◆	▲	X4	◇	○
CR4	◇	○	T3	◇	○	ZS2	◇	○	X5	◇	○
CR5	◇	○	T4	◇	○	ZS3	◇	○	/	/	/

注:1.◇代表流平性光滑平整,◆代表流平性较差;

　　2.○代表定伸无破坏,▲代表轻微失黏破坏,★代表轻微内聚破坏。

(1)粉液比及水泥比例变化对填缝料灌入稠度的影响如图 3.4 所示。可以看出:①随着粉液比的增大,粉料含量不断增多,使得填缝料灌入稠度不断增大。②在较低粉液比下(0.45),随着水泥比例的增大,填缝料灌入稠度不断增大,而在较高粉液比下(0.6),填缝料灌入稠度随水泥比例的提高基本保持不变。这是因为水泥对填缝料稠度的影响主要包括两方面:一方面,水泥早期的吸水水化作用会导致新拌填缝料内自由水含量减少,稠度增大;另一方面,相较表面粗糙的石英粉颗粒,水泥颗粒大多近似球状,更有助于新拌填缝料的流动。因此,当粉液比较低时,新拌填缝料总体较稀,自由水含量较多,水泥吸水水化造成的增稠作用更为明显;而当粉液比较高时,新拌填缝料内自由水含量较少,且水泥含量较多,上述两种作用影响基本保持平衡,使得填缝料灌入稠度变化较小。

(2)不同水泥种类及填料混掺对填缝料灌入稠度的影响如图 3.5 所示。可以看出:①改掺 32.5R 级普通硅酸盐水泥或 32.5 级白水泥后,由于水泥标号较低,其早期吸水水化作用影响较弱,故新拌填缝料稠度略有下降,而在改掺或混掺一定量的硫铝酸盐水泥后,填缝料灌入稠度明显增大,这主要是由硫铝酸盐水泥的早强快硬特性引发的吸水增稠作用所致。②同单掺石英粉相比,混掺一定量的重质碳酸钙后填缝料灌入稠度基本保持不变,而混掺一定量的滑石粉或云母粉后,填缝料灌入稠度有所增大,这主要是因为本书所采用的滑石粉及云母粉目数较大,吸水作用较强。总体而言,填料种类对填缝料稠度的影响主要与其目数及颗粒形态有关[184],且目数变化的影响更为明显。

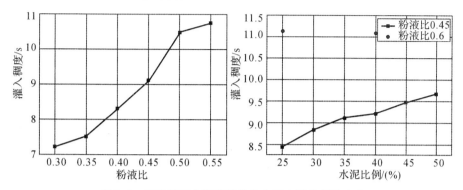

图 3.4　填缝料灌入稠度随粉液比及水泥比例的变化

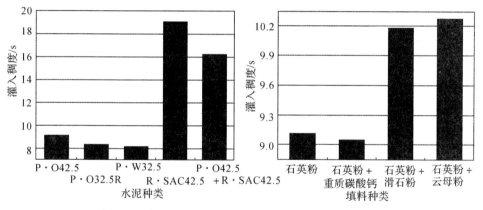

图 3.5　水泥种类及填料混掺对填缝料灌入稠度的影响

　　(3)乳液混掺及外掺可再分散乳胶粉对填缝料灌入稠度的影响如图 3.6 所示。可以看出:①由于苯丙乳液自身较稀,因此填缝料稠度随苯丙乳液掺量的增大明显降低。②随着乳胶粉掺量的增大,填缝料稠度不断增大,但其增幅在乳胶粉掺量为2.5%时相对较小,仅有 12%,当乳胶粉掺量大于 2.5%时,填缝料灌入稠度显著增大,增幅达到 125%～240%,乳胶粉吸水再分散是造成填缝料灌入稠度增大的主要原因。

　　(4)外加剂及纤维对填缝料灌入稠度的影响如图 3.7 所示。可以看出:①填缝料灌入稠度随增塑剂掺量的增大而增大,其原因在于增塑剂同成膜助剂类似,对聚合物颗粒也有一定的溶胀作用,使得新拌填缝料稠度上升。②掺入偶联剂后填缝料稠度有所下降,但其降幅随偶联剂掺量增大无明显变化,这是由于硅烷偶联剂通过与无机粉料表面的极性基团发生反应,实现了对无机粉料的表面改性,使其更易于被聚合物乳液润湿、分散[255]，从而使填缝料流动性增大，稠度减小。③掺入碳纤维导致填缝料灌入稠度增大，且其增幅随纤维掺量的增大虽有所波动，但总体仍呈上升趋势，这是因为大量分散的碳纤维由于相互之间的交叉缠绕增大了新拌填缝料的流动阻力，且这种阻力会随着纤维掺量的增大而增大。

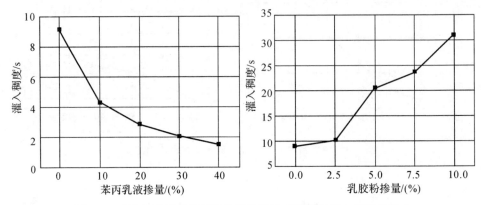

图 3.6　乳液混掺及外掺可再分散乳胶粉对填缝料灌入稠度的影响

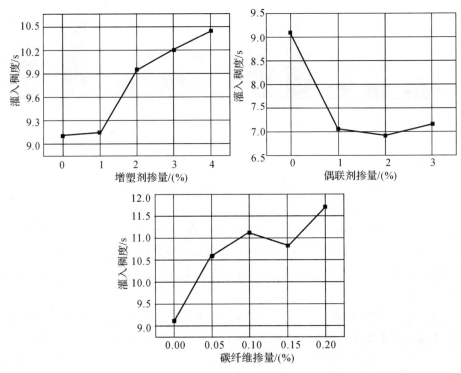

图 3.7　外加剂及纤维对填缝料灌入稠度的影响

总体而言,上述各组配比试样中,只有混掺苯丙乳液(H2~H5)、外掺乳胶粉(J3~J5)以及掺入硫铝酸盐水泥(CT4 和 CT5)会使填缝料灌入稠度发生明显改变,其余各组试样的稠度变化相对较小,基本位于 10 s 附近。进一步结合流平性观测结果可知,当灌入稠度低于 25 s 时,填缝料试样均具备较好的流平性及可操作性,而继续提高填缝料稠度则会使其流平性变差,不利于施工成型(如 J5)。

3.4 定伸黏结性能

表 3.11 列出了各组配比试件的定伸黏结性观测结果。从中可以看出,各组试件的定伸黏结性总体较好,仅个别组试件出现了程度较轻的内聚破坏或失黏破坏。其中,CR1 组试件由于水泥比例较小,黏结强度较低,出现了轻微的失黏破坏;CR7 组和 CR8 组由于粉料较多,柔韧性较差,试件表面出现了一定程度的开裂;CT2 组和 CT3 组试件以及 H4 组和 H5 组试件由于采用了低标号水泥和混掺了较多的苯丙乳液,试件定伸黏结性下降,表面出现轻微开裂;J5 组试件胶粉掺量较大,导致内聚强度过高,出现了一定程度的失黏破坏;其余各组试件均无破坏现象产生。图 3.8 所示为上述各组破坏试件的典型定伸形态。

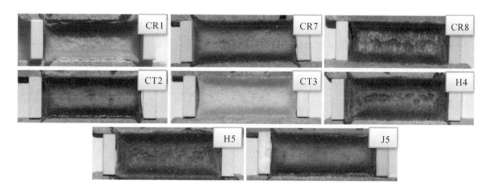

图 3.8 各组破坏试件典型定伸形态

(1)粉液比及水泥比例变化对填缝料弹性恢复率的影响如图 3.9 所示。可以看出:①填缝料弹性恢复率随粉液比的增大而减小,但当粉液比增至 0.55 时,试件弹性恢复率低于 60%,不满足 ISO 11600 中相关要求;②随着水泥比例的增大,试件弹性恢复率总体呈降低趋势,在较低粉液比下(0.45),当水泥比例增至 50% 时,试件弹性恢复率低于 60%。

(2)不同水泥种类及填料混掺对填缝料弹性恢复率的影响如图 3.10 所示。可以看出:①改掺 32.5R 级普通硅酸盐水泥或 32.5 级白水泥,填缝料弹性恢复率变化不大,而在改掺或混掺一定量的硫铝酸盐水泥后,弹性恢复率明显降低至 60%

以下;②同单掺石英粉相比,混掺一定量重质碳酸钙或滑石粉使得填缝料弹性恢复略有提高,但是在混掺一定量云母粉后,试件弹性恢复率明显降低至 60% 以下。

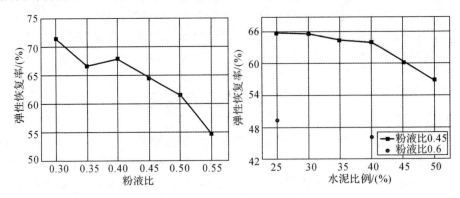

图 3.9　填缝料弹性恢复率随粉液比及水泥比例的变化

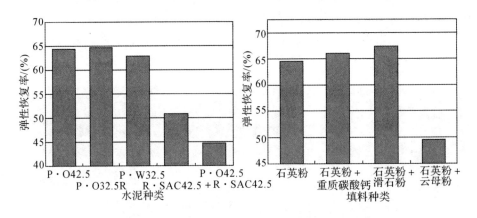

图 3.10　水泥种类及填料混掺对填缝料弹性恢复率的影响

(3)乳液混掺及外掺可再分散乳胶粉对填缝料弹性恢复率的影响如图 3.11 所示。可以看出:①当苯丙乳液掺量为 10% 时,试件弹性恢复率略有减小,此后随着苯丙乳液掺量的增大,试件弹性恢复率不断增大;②增大乳胶粉掺量能够提高填缝料的弹性恢复率,但是当乳胶粉掺量达到 10% 时,由于试件出现了一定程度的失黏破坏,弹性恢复率降至 60% 以下。

(4)外加剂及纤维对填缝料弹性恢复率的影响如图 3.12 所示。可以看出:①随着增塑剂掺量的增大,试件弹性恢复率不断增大;②掺入偶联剂后,试件弹性恢复率逐渐减小,且当偶联剂掺量达到 3% 时,试件弹性恢复率降至 60% 以下;③掺入碳纤维后试件弹性恢复率均降至 60% 以下,且纤维掺量越大弹性恢复率越小。

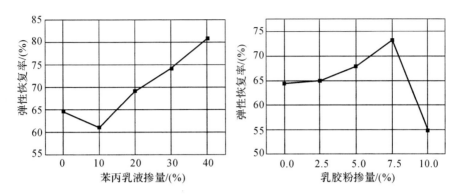

图 3.11 乳液混掺及外掺可再分散乳胶粉对填缝料弹性恢复率的影响

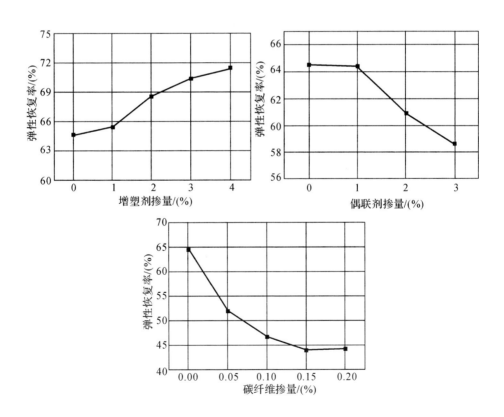

图 3.12 外加剂及纤维对填缝料弹性恢复率的影响

3.5 拉伸力学性能

3.5.1 强度指标分析

填缝料在拉伸荷载作用下的强度性能主要通过拉伸强度和拉伸模量两项指标进行分析。

（1）粉液比及水泥比例变化对填缝料拉伸强度及拉伸模量的影响如图 3.13 所示。可以看出：①随着粉液比及水泥比例的增大，填缝料拉伸强度及模量均不断增大。进一步对比 CR8 组与 CR7 组间的强度差值（0.039 MPa）以及 CR4 组与 CR1 组间的强度差值（0.033 MPa）可知，在较高粉液比下，相同水泥比例变化引起的强度变化值略大。②各组试件的拉伸模量值均小于 0.4 MPa，但是，结合第 3.5.2 节中的峰值应变指标可知，Y1 组、CR7 组和 CR8 组试件的拉伸模量对应的应变值均大于峰值应变，不满足第 2.7.1 节中的配比优选标准。

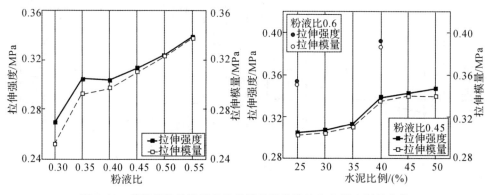

图 3.13　填缝料拉伸强度及拉伸模量随粉液比和水泥比例的变化

（2）不同水泥种类及填料种类对填缝料拉伸强度及拉伸模量的影响如图 3.14 所示。可以看出：①改掺 32.5R 级普通硅酸盐水泥或 32.5 级白水泥对填缝料拉伸强度及模量的影响不大，改掺硫铝酸盐水泥后试件拉伸强度及模量有所减小，而混掺一定量的硫铝酸盐水泥试件拉伸强度及模量明显增大；②同单掺石英粉相比，分别混掺一定量的重质碳酸钙、滑石粉和云母粉均使得试件拉伸强度及模量增大，且以混掺云母粉时增幅最为明显；③混掺云母粉后试件拉伸模量大于 0.4 MPa，改掺或混掺硫铝酸盐水泥后试件拉伸模量对应的应变值大于峰值应变，不满足第 2.7.1 节中的配比优选标准。

（3）乳液混掺及外掺可再分散乳胶粉对填缝料拉伸强度及拉伸模量的影响如图 3.15 所示。可以看出：①当苯丙乳液掺量为 10％时，试件拉伸强度及模量略有

增大,此后随着苯丙乳液掺量的增大,试件拉伸强度及模量迅速下降并逐渐减小;
②掺入乳胶粉后试件拉伸强度及模量明显提高,且增幅随着胶粉掺量的增大而增
大;③当苯丙乳液掺量为 10% 时,试件拉伸模量对应的应变值大于峰值应变,当胶
粉掺量为 7.5% 和 10% 时,试件拉伸模量大于 0.4 MPa。

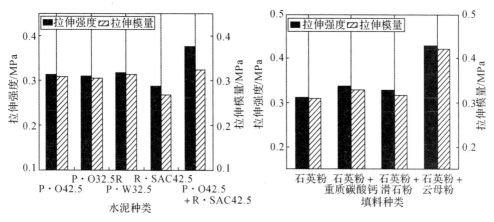

图 3-14 水泥种类及填料种类对填缝料拉伸强度及拉伸模量的影响

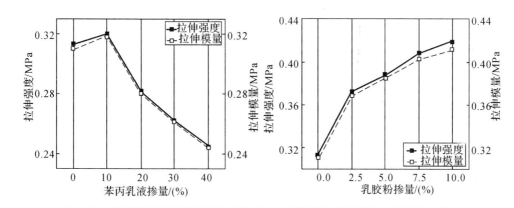

图 3.15 乳液混掺及外掺可再分散乳胶粉对填缝料拉伸强度及拉伸模量的影响

(4)外加剂及纤维对填缝料拉伸强度及拉伸模量的影响如图 3.16 所示。可以
看出:①当增塑剂掺量为 1% 时,试件拉伸强度及模量变化不大,此后随着增塑剂
掺量的增大,试件拉伸强度及模量不断减小;②掺入硅烷偶联剂后试件拉伸强度及
模量明显提高,且偶联剂掺量越大,增幅越大;③随着碳纤维掺量的增大,试件拉伸
强度及模量不断增大,但其增幅在碳纤维掺量为 0.05% 时相对较小;④各组试件
的拉伸模量均小于 0.4 MPa,但是在掺入碳纤维后,试件拉伸模量对应的应变值均
大于峰值应变。

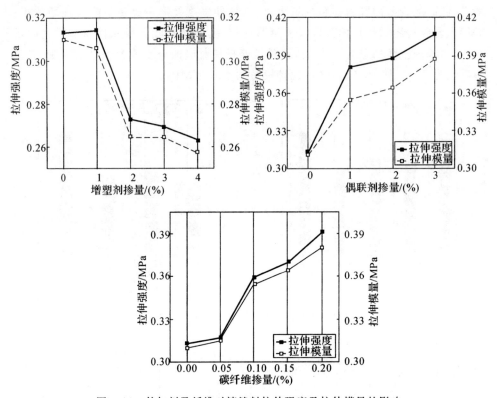

图 3.16　外加剂及纤维对填缝料拉伸强度及拉伸模量的影响

此外,综合对比上述各组试件的强度指标可以看出,各配比因素变化对填缝料拉伸强度和拉伸模量的影响规律基本一致,且拉伸模量值仅略小于拉伸强度值(CT4 组和 CT5 组除外),这主要是因为拉伸强度与拉伸模量对应的点均位于填缝料拉伸应力-应变曲线的近似平台段上。

3.5.2　变形指标分析

填缝料在拉伸荷载作用下的变形性能主要通过峰值应变 ε_T、断裂伸长率 R_b 以及拉伸平台应变 $\Delta\varepsilon_{PT}$ 三项指标进行分析。

其中,峰值应变与断裂伸长率的定义同前,拉伸平台应变 $\Delta\varepsilon_{PT} = \varepsilon_{0.95上} - \varepsilon_{0.95下}$,式中,$\varepsilon_{0.95上}$ 和 $\varepsilon_{0.95下}$ 分别为应力值等于 $0.95f_T$ 时在拉伸应力-应变曲线上升段和下降段对应的应变值(见图 3.17)。拉伸平台应变主要用来表征填缝料应力-应变曲线上出现的近似平台段,目的在于描述填缝料在受拉过程中的屈服变形特性。拉伸平台应变越大,说明填缝料在拉伸强度附近可以承受的位移变形越大,抗拉变形性能越好。

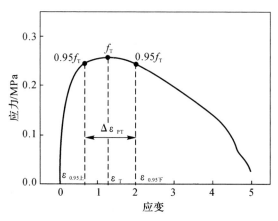

图 3.17 拉伸平台应变的定义与计算

(1)粉液比及水泥比例变化对填缝料拉伸变形指标的影响如图 3.18 所示。可以看出:①随着粉液比的增大,试件各变形指标均不断减小。②在较低粉液比下(0.45),随着水泥比例的增大,试件断裂伸长率及平台应变先增大后减小,峰值应变不断减小;在较高粉液比下(0.6),当水泥比例由 25% 增至 40% 时,试件各变形指标有所减小。

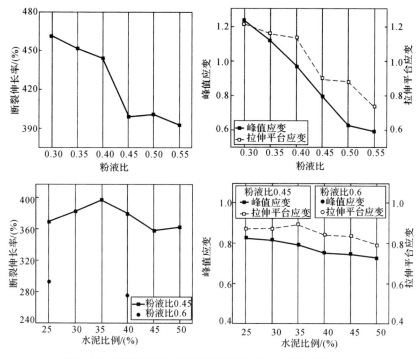

图 3.18 填缝料拉伸变形指标随粉液比和水泥比例的变化

（2）不同水泥种类及填料混掺对填缝料拉伸变形指标的影响如图 3.19 所示。可以看出：①改变水泥种类后试件各变形指标均出现一定程度减小。就断裂伸长率而言，以改掺 32.5 级白水泥时降幅最大；就峰值应变和拉伸平台应变而言，以混掺硫铝酸盐水泥时降幅最大，改掺硫铝酸盐水泥时次之，其余两组试件降幅相对较小。②同单掺石英粉相比，填料混掺使得试件断裂伸长率减小，拉伸平台应变增大，而对于峰值应变，混掺重质碳酸钙和滑石粉使得峰值应变增大，混掺云母粉则使值应变减小，总体上，混掺滑石粉后试件各拉伸变形指标相对较大。

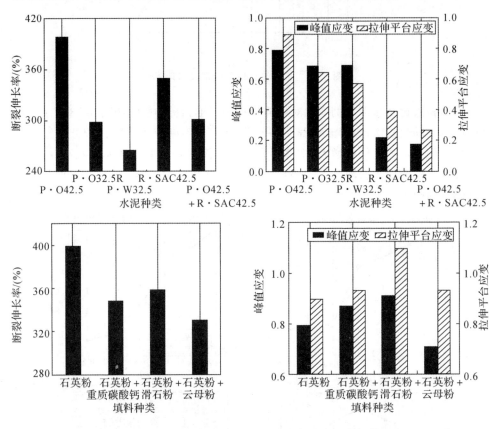

图 3.19　水泥种类及填料混掺对填缝料拉伸变形指标的影响

（3）乳液混掺及外掺可再分散乳胶粉对填缝料拉伸变形指标的影响如图 3.20 所示。可以看出：①同对照组相比，混掺苯丙乳液后试件各变形指标均出现明显下降，但随着苯丙乳液掺量的增大，试件断裂伸长率先增大后减小，而峰值应变和拉伸平台应变却不断增大；②外掺乳胶粉后，试件各变形指标亦出现一定程度的下降，但随着胶粉掺量的增大，各指标降幅不断减小。

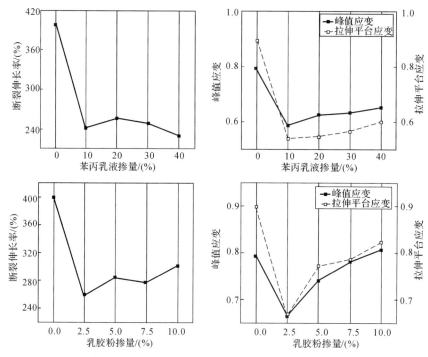

图 3.20　乳液混掺及外掺可再分散乳胶粉对填缝料拉伸变形指标的影响

　　(4)外加剂及纤维对填缝料拉伸变形指标的影响如图 3.21 所示。可以看出：①掺入增塑剂后,试件断裂伸长率不断减小,峰值应变总体增大,但其增幅随增塑剂掺量的增大不断减小,拉伸平台应变在增塑剂掺量为 2% 时增幅达到最大,而后随增塑剂掺量的增大逐渐减小至对照组水平以下;②掺入硅烷偶联剂后,试件断裂伸长率有所下降,峰值应变及拉伸平台应变明显增大,且其增幅在偶联剂掺量为 1% 时相对最大;③掺入碳纤维后,试件断裂伸长率变化不大,但峰值应变及拉伸平台应变随纤维掺量的增大呈下降趋势。

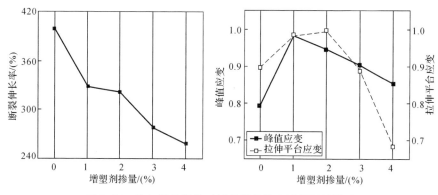

图 3.21　外加剂及纤维对填缝料拉伸变形指标的影响

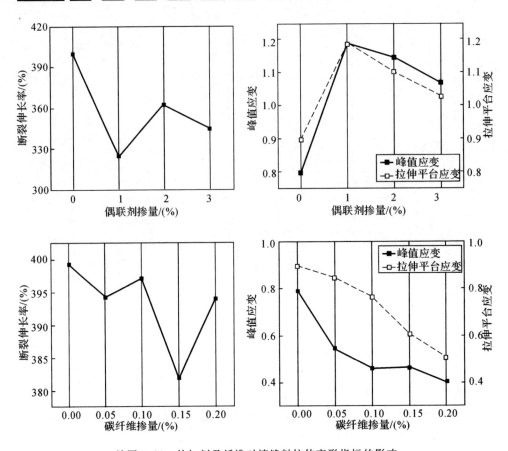

续图 3.21　外加剂及纤维对填缝料拉伸变形指标的影响

3.5.3　能耗指标分析

　　填缝料在拉伸荷载作用下的能耗特性主要通过拉伸韧度和拉伸峰前韧度两项指标进行分析。其中，拉伸韧度 T_t 为填缝料拉伸应力-应变曲线下方包围的面积，用以表征整个拉伸荷载作用过程中试件吸收能量的大小，是填缝料强度变形性能的综合体现；拉伸峰前韧度 T_{tq} 为填缝料拉伸应力-应变曲线上升段包围的面积，用以表征试件在达到拉伸强度前的能耗特性。

　　(1)粉液比及水泥比例变化对填缝料拉伸能耗指标的影响如图 3.22 所示(图中括号内的数字为拉伸峰前韧度占总拉伸韧度的百分比，下同)。可以看出：①粉液比增大导致试件能耗指标不断减小，同时，拉伸峰前韧度占总拉伸韧度的百分比亦不断减小(由粉液比为 0.30 时的 31.3% 降至粉液比为 0.55 时的 19.0%)，说明更多的外荷载作用能量被耗散于材料达到拉伸强度之后。②随着水泥比例的提高,试件能耗指标不断增大,拉伸峰前韧度占总拉伸韧度的百分比变化较小,基本处于 21%～25% 的范围之内;此外,进一步对比 CR8 组与 CR7 组间的拉伸韧度差值(0.041 J·cm^{-3})以及 CR4 组与 CR1 组间的拉伸韧度差值(0.114 J·cm^{-3})可知,在较低粉液比下,相同水泥比例变化引起的填缝料能耗水平改变更大。

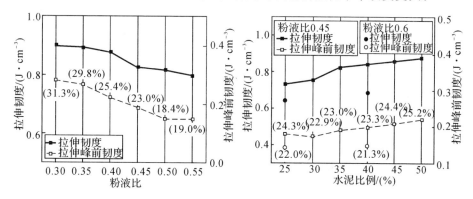

图 3.22　填缝料拉伸能耗指标随粉液比和水泥比例的变化

(2)不同水泥种类及填料混掺对填缝料拉伸能耗指标的影响如图 3.23 所示。可以看出:①改变水泥种类后,试件的拉伸韧度均出现一定程度减小,且以改掺32.5 级白水泥时降幅最大;对于拉伸峰前韧度,改掺 32.5R 级普通硅酸盐水泥或32.5 级白水泥时变化不大,其所占总拉伸韧度的比例有所提高,而改掺或混掺硫铝酸盐水泥后,试件峰前韧度急剧下降,仅占拉伸韧度的 7%～8%。②同单掺石英粉相比,填料混掺使得试件的能耗指标均得到提高;对于拉伸韧度,混掺云母粉时增幅相对最大;对于拉伸峰前韧度,混掺滑石粉时增幅相对最大。

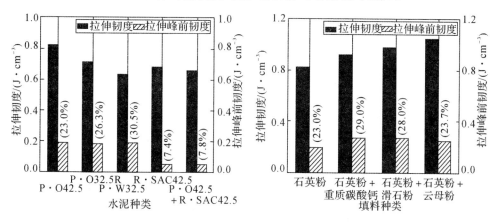

图 3.23　水泥种类及填料混掺对填缝料拉伸能耗指标的影响

聚合物水泥复合道面填缝材料制备设计及应用

（3）乳液混掺及外掺可再分散乳胶粉对填缝料拉伸能耗指标的影响如图 3.24 所示。可以看出：①混掺苯丙乳液后，试件能耗指标整体下降，且降幅随苯丙乳液掺量的增大不断增大，拉伸峰前韧度占总拉伸韧度的比例较对照组略有增大；②随着胶粉掺量的增大，试件拉伸峰前韧度及其所占总拉伸韧度的比例不断增大，试件拉伸韧度先减小后增大，且当胶粉掺量大于 5% 时试件拉伸韧度大于对照组拉伸韧度。

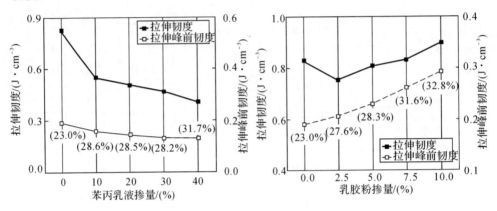

图 3.24　乳液混掺及外掺可再分散乳胶粉对填缝料拉伸能耗指标的影响

（4）外加剂及纤维对填缝料拉伸能耗指标的影响如图 3.25 所示。可以看出：①掺入增塑剂后，试件拉伸韧度不断减小，拉伸峰前韧度总体增大，但其增幅随增塑剂掺量的增大逐渐减小，拉伸峰前韧度占总拉伸韧度的比例不断增大；②掺入硅烷偶联剂后，试件拉伸韧度不断增大，拉伸峰前韧度及其所占总拉伸韧度的比例显著提高，但其增幅随偶联剂掺量的增大逐渐减小；③随着碳纤维掺量的增大，试件拉伸韧度不断增大，但拉伸峰前韧度及其所占总拉伸韧度的比例不断减小。

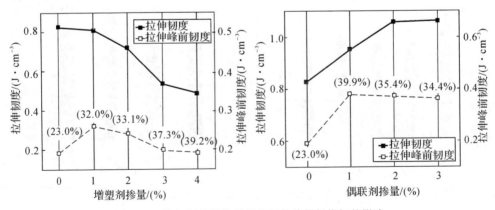

图 3.25　外加剂及纤维对填缝料拉伸能耗指标的影响

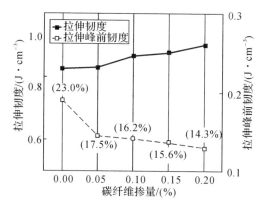

续图 3.25　外加剂及纤维对填缝料拉伸能耗指标的影响

3.6　剪切力学性能

3.6.1　强度指标分析

填缝料在剪切荷载作用下的强度性能主要通过剪切强度和剪切模量两项指标进行分析。其中,为便于同填缝料的拉伸强度性能比较,将剪切强度 f_s 定义为剪切过程中试件达到的峰值应力,即最大剪力与试件受剪横截面积的比值;剪切模量 E_s 与拉伸模量定义类似,即试件剪切位移伸长量达到原试件宽度60%时所对应的应力值。

(1)粉液比及水泥比例变化对填缝料剪切强度及剪切模量的影响如图 3.26 所示。可以看出:①随着粉液比的增大,试件剪切强度及剪切模量总体呈上升趋势,但在 0.35~0.5 的粉液比范围内,剪切强度变化较小;②随着水泥比例的增大,剪切强度及剪切模量均不断增大,进一步对比 CR8 组与 CR7 组间的强度差值(0.054 MPa)以及 CR4 组与 CR1 组间的强度差值(0.031 MPa)可知,在较高粉液比下,相同水泥比例变化引起的剪切强度变化值较大,这点与拉伸工况类似。

(2)不同水泥种类及填料混掺对填缝料剪切强度及剪切模量的影响如图 3.27 所示。可以看出:①改掺 32.5R 级普通硅酸盐水泥或 32.5 级白水泥后,填缝料剪切强度及模量基本不变或略有降低;改掺或混掺硫铝酸盐水泥后,试件剪切强度明显减小,但剪切模量有所增大,且两项指标的变化幅度均在混掺时相对最大。②同单掺石英粉相比,填料混掺使得各组试件剪切强度及模量均不同程度增大,且以混掺云母粉时增幅最为明显。

(3)乳液混掺及外掺可再分散乳胶粉对填缝料剪切强度及剪切模量的影响如

图 3.28 所示。可以看出:①随着苯丙乳液掺量的增大,试件剪切强度及模量不断减小,但其降幅在苯丙乳液掺量为 10% 时相对较小;②掺入乳胶粉使试件剪切强度及模量明显提高,且其增幅随胶粉掺量的增大而增大。

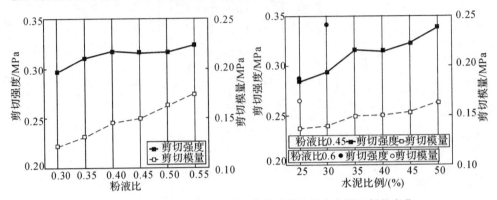

图 3.26 填缝料剪切强度及剪切模量随粉液比和水泥比例的变化

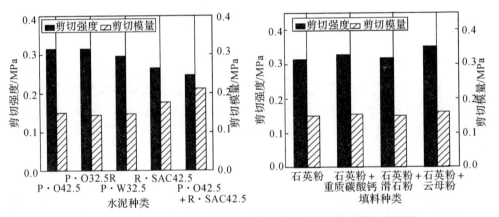

图 3.27 水泥种类及填料混掺对填缝料剪切强度及剪切模量的影响

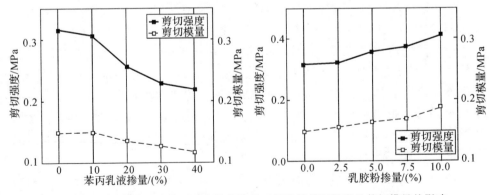

图 3.28 乳液混掺及外掺可再分散乳胶粉对填缝料剪切强度及剪切模量的影响

（4）外加剂及纤维对填缝料剪切强度及剪切模量的影响如图 3.29 所示。可以看出：①随着增塑剂掺量的增大，试件剪切强度及模量逐渐减小，且其降幅在增塑剂掺量大于 2％时相对较大；②掺入硅烷偶联剂后试件剪切强度及模量明显增大，且偶联剂掺量越大，增幅越大；③随着碳纤维掺量的增大，试件剪切强度及模量总体呈上升趋势，但当纤维掺量低于 0.1％时，试件剪切强度略有减小。

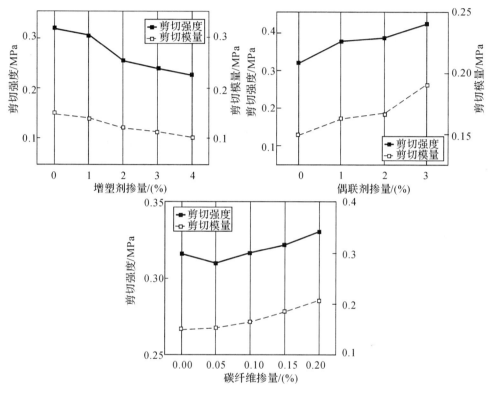

图 3.29　外加剂及纤维对填缝料剪切强度及剪切模量的影响

此外，综合对比上述各组试件的强度指标可以看出，与拉伸工况类似，各配比因素变化对填缝料剪切强度和剪切模量的影响规律基本一致(CT4 组和 CT5 组除外)，所不同的是，各组试件的剪切模量值与剪切强度值相差较大，这主要是因为在试件剪切应力-应变曲线上，剪切模量对应的点距离剪切强度附近的近似平台段较远。

3.6.2　变形指标分析

试验过程中填缝料在剪切荷载作用下的真实剪应变值难以测量，鉴于此，为增强与填缝料拉伸变形性能的可比性，本书在此参考拉伸应变的定义，以试件剪切过程中的位移伸长量与试件原始宽度的比值作为工程剪切应变,并在此基础上分别定义归一化峰值应变(对应拉伸峰值应变)、归一化断裂伸长率(对应拉伸断裂伸长率)以及剪切平台应变(对应拉伸平台应变)三项指标用以分析填缝料的剪切变形性能。其中,归一化峰值应变 ε_S 为试件达到剪切强度时对应的应变值,剪切平台应变 $\Delta\varepsilon_{PS}$ 的定义与拉伸平台应变 $\Delta\varepsilon_{PT}$ 的定义类似,归一化断裂伸长率 R_S 按下式计算:

$$R_S = \frac{W_S - W_0}{W_0} \times 100\%$$ (3.1)

式中,W_S 为试件剪切应力降至断点比例时的位移伸长量,W_0 定义同式(2.6)。

(1)粉液比及水泥比例变化对填缝料剪切变形指标的影响如图3.30所示。可以看出:①随粉液比的增大,试件各变形指标不断减小。②在较低粉液比下(0.45),随着水泥比例的增大,试件各变形指标均呈先增大后减小的变化趋势;在较高粉液比下(0.6),当水泥比例由25%增至40%时,试件各变形指标有所增大。

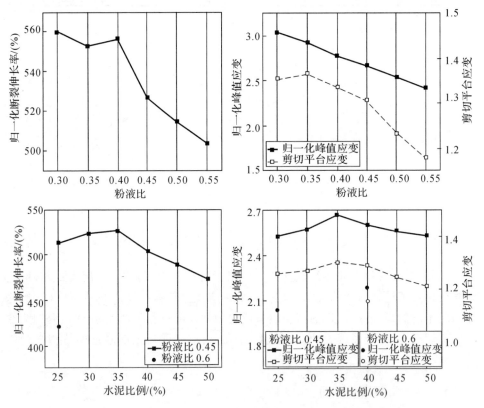

图 3.30 填缝料剪切变形指标随粉液比和水泥比例的变化

(2)不同水泥种类及填料混掺对填缝料剪切变形指标的影响如图3.31所示。

可以看出:①改变水泥种类后,试件各变形指标减小,且以混掺硫铝酸盐水泥时降幅最大,但是当改掺硫铝酸盐水泥时,试件归一化断裂伸长率及剪切平台应变较对照组有所增大;②同单掺石英粉相比,混掺重质碳酸钙后试件各变形指标略有减小,混掺滑石粉后试件各变形指标有所增大,混掺云母粉后试件归一化断裂伸长率减小,归一化峰值应变和剪切平台应变增大。

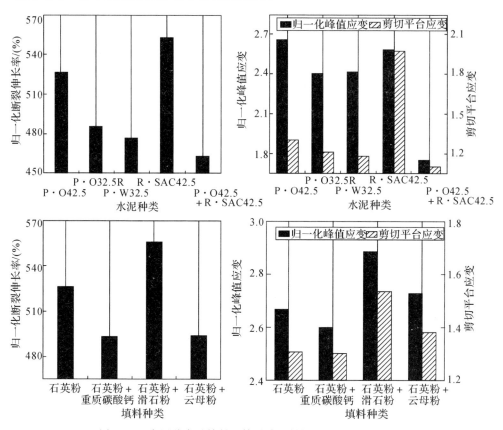

图 3.31 水泥种类及填料混掺对填缝料剪切变形指标的影响

(3)乳液混掺及外掺可再分散乳胶粉对填缝料剪切变形指标的影响如图 3.32 所示。可以看出:①同对照组相比,混掺苯丙乳液后,试件各变形指标均出现不同程度下降,但随着苯丙乳液掺量的增大(H2~H5),各指标呈先增大后减小的变化趋势。②随着乳胶粉掺量的增大,试件归一化断裂伸长率不断减小,归一化峰值应变逐渐增大;此外,掺入胶粉后试件的剪切平台应变均大于对照组,但其增幅随胶粉掺量的增大而减小。

(4)外加剂及纤维对填缝料剪切变形指标的影响如图 3.33 所示。可以看出:①掺入增塑剂后,试件各变形指标均随增塑剂掺量的增大不断减小;②掺入硅烷偶联剂后,试件各变形指标均随偶联剂掺量的增大不断增大(当偶联剂掺量为1％时试件归一化断裂伸长率略有减小);③随着碳纤维掺量的增大,试件归一化断裂伸长率及剪切平台应变不断增大,归一化峰值应变不断减小。

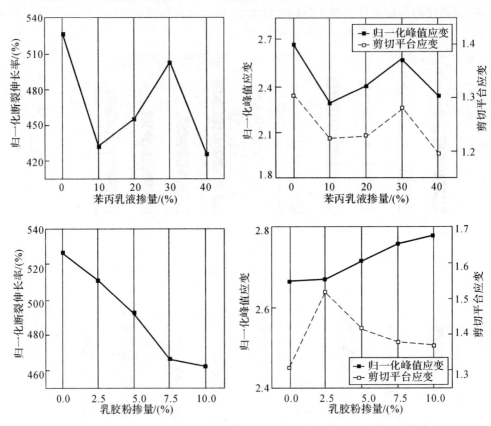

图 3.32　乳液混掺及外掺可再分散乳胶粉对填缝料剪切变形指标的影响

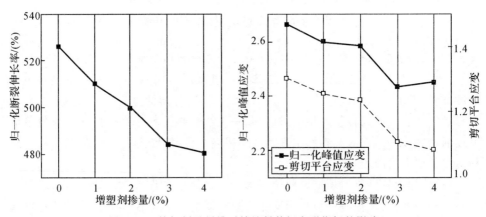

图 3.33　外加剂及纤维对填缝料剪切变形指标的影响

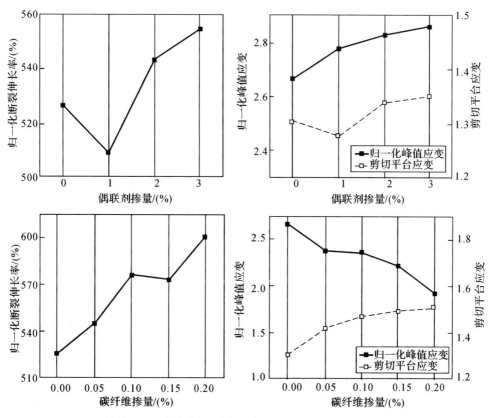

续图 3.33 外加剂及纤维对填缝料剪切变形指标的影响

3.6.3 能耗指标分析

填缝料在剪切荷载作用下的能耗特性主要通过剪切韧度和剪切峰前韧度两项指标进行分析。其中,剪切韧度 T_s 为填缝料剪切应力-应变曲线下方包围的面积,用以表征整个剪切荷载作用过程中试件的能耗特性;剪切峰前韧度 T_{sq} 为填缝料剪切应力-应变曲线上升段包围的面积,用以表征试件在达到剪切强度前的能耗特性。

(1)粉液比及水泥比例变化对填缝料剪切能耗指标的影响如图 3.34 所示(图中括号内的数字为剪切峰前韧度占总剪切韧度的百分比,下同)。可以看出:①随着粉液比的增大,试件各能耗指标和剪切峰前韧度占总剪切韧度的百分比总体呈下降趋势,但是当粉液比由 0.30 增至 0.35 时,试件能耗指标略有增大,结合第 3.6.2 节中的变形指标分析可知,这可能是由此时试件剪切平台应变增大所致。②随着水泥比例的提高,试件能耗指标不断增大,剪切韧峰前度占总剪切韧度的百分比略有减小;进一步对比 CR8 组与 CR7 组间的剪切韧度差值(0.312 J·cm⁻³)以及 CR4 组与 CR1 组间的剪切韧度差值(0.214 J·cm⁻³)可知,在较高粉液比下,相同水泥比例变化引起的填缝料能耗水平改变更大,这点与拉伸工况有所区别。

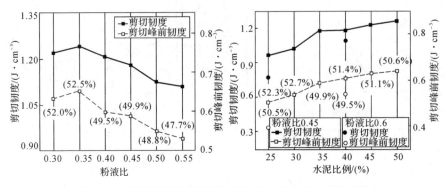

图 3.34　填缝料剪切能耗指标随粉液比和水泥比例的变化

(2)不同水泥种类及填料混掺对填缝料剪切能耗指标的影响如图 3.35 所示。可以看出:①改变水泥种类后,各组试件能耗指标均出现一定程度减小,且以混掺硫铝酸盐水泥时降幅最大;此外,改掺或混掺硫铝酸盐水泥后,试件剪切峰前韧度虽有减小,但并未出现拉伸工况下峰前韧度急剧下降的现象。②同单掺石英粉相比,混掺重质碳酸钙后试件能耗指标减小,混掺滑石粉或云母粉后试件能耗指标增大,且以混掺云母粉时增幅相对最大。

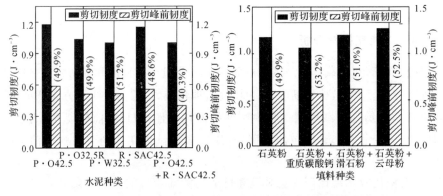

图 3.35　水泥种类及填料混掺对填缝料剪切能耗指标的影响

(3)乳液混掺及外掺可再分散乳胶粉对填缝料剪切能耗指标的影响如图 3.36 所示。可以看出:①随着苯丙乳液掺量的增大,试件能耗指标不断减小,剪切峰前韧度占总剪切韧度的百分比不断增大;②随着胶粉掺量的增大,试件各能耗指标以及剪切峰前韧度占总剪切韧度的百分比均不断增大。

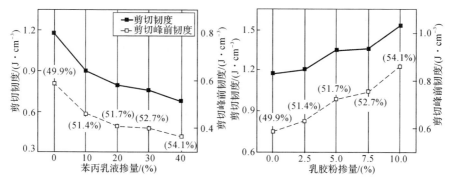

图 3.36　乳液混掺及外掺可再分散乳胶粉对填缝料剪切能耗指标的影响

（4）外加剂及纤维对填缝料剪切能耗指标的影响如图 3.37 所示。可以看出：①掺入增塑剂导致试件各能耗指标逐渐减小，但剪切峰前韧度占总剪切韧度的百分比基本保持不变。②随着硅烷偶联剂掺量的增大，试件各能耗指标不断增大，且剪切峰前韧度占总剪切韧度的百分比较对照组亦有所提高。③随着碳纤维掺量的增大，试件剪切韧度先增大后减小，且在纤维掺量为 0.2% 时降至对照组水平以下；此外，掺入纤维后试件剪切峰前韧度及其所占总剪切韧度的百分比均出现一定程度的降低，且其降幅在纤维掺量为 0.2% 时相对最大。

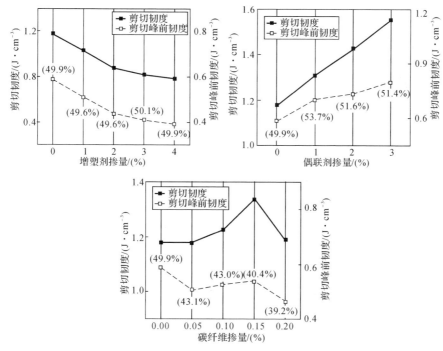

图 3.37　外加剂及纤维对填缝料剪切能耗指标的影响

3.7 分析讨论

根据高分子物理学[256]相关理论可知,外部荷载作用下聚合物大分子链的运动变形及构象改变是造成聚合物水泥复合道面填缝材料一系列力学行为的主要因素。自然状态下,聚合物大分子链通常处于无规则卷曲的线团状态,此时分子构象数及熵值最大;施加外部荷载作用后,通过克服分子内的化学键合力、分子间的范德华力以及氢键作用力,大分子链逐渐运动伸展,使得构象数减小、熵值下降,在宏观上表现为产生一定的内聚强度和位移变形,而填缝料的失黏破坏及内聚破坏则是分子间作用力及外力取向主链上的化学键失效断裂的宏观表征;外部荷载去除后,分子链又通过单键的内旋转和链段运动力图恢复到受力前构象数最多、熵值最大的卷曲状态,使得材料在宏观上具备一定的弹性恢复性能。

由自由体积理论可知,填缝料内部未被占据的自由体积的存在是聚合物分子链通过转动和位移进行构象调整的前提和基础。随着粉液比的增大,填缝料内部无机组分的体积分数不断增大,造成填缝料内部自由体积减小,聚合物分子链的自由伸缩受到阻碍,因而在宏观上表现为填缝料试件拉伸、剪切强度增大,弹性变形性能减弱。水泥比例增大对填缝料宏观力学性能的影响机理与粉液比类似。水泥比例越大,硬化后填缝料内部水化产物越多,因而不但填缝料内自由体积减小,同时更多的水泥水化产物参与同聚合物分子链间的反应(与聚合物的物化作用点增多),使得更多聚合物分子链相互交联,进一步阻碍了其在外力作用下的运动伸展,故整体上填缝料的强度和弹性变形性能分别随水泥比例的提高呈增大和减小趋势。总体而言,填缝料内粉液比及水泥比例的取值不宜过低或过高,取值过低时填缝料过软,取值过高时填缝料弹性变形能力过差。综合对比不同粉液比及不同水泥比例下各组填缝料试件的工作、力学性能,在本章的原料配比范围内,合理的粉液比取值范围应为 $0.35\sim0.50$,合理的水泥比例取值范围应为 $30\%\sim45\%$。

改掺 32.5R 级普通硅酸盐水泥或 32.5 级白水泥后,由于水泥标号较低,硬化后填缝料内水泥水化产物相对较少,聚合物分子与水泥水化产物间的反应亦受到影响,因而虽然填缝料尚能保持一定的抗拉、抗剪能力,但是其总体力学性能指标(特别是定伸性能及变形能耗指标)均出现一定程度下降。鉴于此,在实际工程中不建议采用低标号水泥进行替代使用,若因条件所限只能使用低标号水泥时,则最好能够采取其他相应措施对填缝料进行补强、增韧。此外,文献[174]中认为白水泥中由于富含金属阳离子会增强与聚合物分子间的反应,从而使聚合物水泥复合材料的强度增大,而本书在改掺白水泥后发现填缝料的强度不增反降,这可能与白水泥标号较低有关,因而在实际工程中若需采用白水泥以便进行填缝料的颜色调整时,必须同时考虑其对填缝料宏观力学性能可能造成的不利影响。改掺或混掺硫铝酸盐水泥后，由于硫铝酸盐水泥的快凝快硬特性，填缝料内部的水分在较短时间内便被反应蒸发，同时迅速形成大量水泥水化产物，导致聚合物组分膜结构的整体性、连续性以及变形柔韧性显著下降，进而在宏观上使得填缝料的弹性变形及能耗性能明显降低（特别是混掺情况）。鉴于此，在一般工程中通常不建议为减少填缝料的凝结硬化时间而在其中掺入快硬硫铝酸盐水泥，但在一些抢修、抢建工程中，若为使填缝料能在短时间内硬化提供强度而不考虑其长久使用性，可以采用改掺或混掺快硬硫铝酸盐水泥的方式以满足其短期使用要求。

混掺重质碳酸钙、滑石粉以及云母粉后，填缝料的强度性能指标均出现增大，且以混掺云母粉时的增幅最大。这主要是因为混掺的重质碳酸钙、滑石粉以及云母粉的目数均大于原填料石英粉（云母粉目数最大），因而填缝料的整体性及密实程度在三种混掺填料的密实填充作用下得以提高，孔隙结构得以细化（由第6章中孔隙结构测定结果可知），因而强度相应增大。但是，由于云母粉目数过大，因而在相同掺量下，填缝料的弹性变形性能在混掺云母粉后明显下降，实际应用中，若需掺入云母粉，则其掺量应在本章所用掺量（填料总量的40%）的基础上进一步下调。此外，混掺滑石粉后，填缝料变形指标总体提高，这主要得益于滑石粉的层状晶体结构[229]。这种结构在外力作用下易分裂成鳞片状，能够对填缝料起到一种"润滑"作用，促进其受力变形，因而在实际应用中建议采用石英粉与滑石粉混掺的方式以提高填缝料的强度变形能力。

混掺苯丙乳液后，由于苯丙乳液相对较稀且包含大量软性单体，导致用于承受外荷载作用的有效固含量组分体积减小且相应的聚合物膜结构组织较为柔软，因而填缝料的强度变形指标总体下降。然而，当苯丙乳液的混掺量为10%时，填缝料拉伸强度不降反增，剪切强度仅略有减小。这主要是因为此时苯丙乳液的掺量较小，其"软化"作用相对较弱，同时，混掺苯丙乳液后填缝料内自由水分含量相对增多，促进了水泥的水化反应，使得填缝料强度得以弥补提高。实际工程中，混掺苯丙乳液对于提高填缝料的耐水性、耐老化性等具有一定效用，此时苯丙乳液的掺量不宜过多，否则填缝料会因过软而影响其定伸黏结性及抗拉、抗剪变形性能。在本章的原料配比范围内，合理的苯丙乳液混掺量应为乳液总质量的20%～30%。

外掺可再分散乳胶粉后，填缝料内部聚合物组分和整体固含量组分相应增大，材料的整体密实程度得以提高，因而其各强度指标随乳胶粉掺量的增大不断提高。但是，实际应用中乳胶粉的掺量不宜过大，否则填缝料的变形能力会因内聚强度过大而大幅降低，同时还会对填缝料的工作性能造成不利影响。在本章的原料配比范围内，合理的乳胶粉掺量应不大于乳液总质量的5%。

增塑剂作为一种小分子助剂，其主要作用机理是通过增塑剂分子进入聚合物大分子间的自由体积内，削弱大分子间的次价键力（即范德华力），使得聚合物大分子链排列疏松并拥有较大的运动空间，进而增强聚合物分子链段的活动性，这在宏观上表现为掺入增塑剂后填缝料强度、模量以及断裂伸长率减小,弹性恢复率和个别变形指标增大。需要注意的是,实际应用中增塑剂的掺量不能过大,否则填缝料的强度变形性能会因过度"软化"而明显劣化,在本章的原料配比范围内,合理的增塑剂掺量范围应为乳液质量的 $1\%\sim3\%$。

外掺偶联剂后,填缝料的各项拉伸性能和剪切性能指标均出现一定程度提高,这主要是因为偶联剂分子中同时存在能与无机材料和有机材料结合的两种反应性基团,其中亲无机基团可与无机表面的化学基团反应,形成牢固的化学键合,亲有机基团可与有机分子反应或物理缠绕,从而使有机与无机材料界面实现化学键接,在偶联剂的这种"分子桥"作用下,填缝料的整体力学性能得以提高。然而,偶联剂的掺量亦不宜过多,这一方面是由于掺量过大会使填缝料成本过高,另一方面则是由于填缝料的弹性恢复性能随偶联剂掺量的增大不断减小。在本章的原料配比范围内,偶联剂的相对最佳掺量为总粉料质量的 1%。

外掺碳纤维后,填缝料的强度、模量明显增大,弹性恢复率明显降低,而变形性能的变化则与受力工况有关。拉伸工况下,填缝料各项变形指标均减小,剪切工况下,填缝料仅归一化峰值应变减小,归一化断裂伸长率及剪切平台不降反增。造成这一区别的原因可能与填缝料在拉伸、剪切工况下的不同受力特点有关,具体原因有待进一步研究。总体上,在实际工程中通常不建议掺入纤维增强材料,但若所处工况仅对填缝料强度要求较高,而对其变形性能要求较低时,或对填缝料的抗剪性能要求较高时,可以掺入一定量的碳纤维。在本章的原料配比范围内,碳纤维的合理掺量应不大于乳液与粉料总质量的 0.1%。

此外,对比同组填缝料试件的拉伸性能指标和剪切性能指标可以看出,对于同一配比试件,其剪切强度及模量总体小于相应的拉伸强度及模量,而各剪切变形指标则总体大于相应的拉伸变形指标。初步分析认为,对于填缝料内部的聚合物组分而言,填缝料试件的受力变形实为聚合物分子链舒展拉伸、取向重新排列的有序化过程(即分子链顺着外力方向排列)。对比本章的拉伸、剪切试验过程不难发现,在拉伸荷载作用下,荷载作用方向与填缝料和基材间的黏结面相垂直,即试件的受力为一种"直拉"作用,相应的受力变形状态相对简单;而在剪切荷载作用下,荷载作用方向与填缝料和基材间的黏结面平行,即试件的受力为一种"剪拉"作用,相应的受力变形状态相对复杂(特别是在荷载作用前期)。因此,试件在剪切荷载作用下所经历的有序化过程相对较长,导致其变形量整体较大。此外,由于填缝料在不同形式荷载作用下的变形破坏机理有所差别,故其内部各组分在不同形式荷载作用下的受力状态及受荷能力也有所不同,因而造成填缝料的拉伸和剪切性能指标在个别配比参数变化时所表现出的变化规律有所差异。造成上述填缝料拉伸和剪切性能指标差异的具体原因还有待进一步研究。

3.8 小 结

本章以流平性试验、灌入稠度试验以及定伸、拉伸、剪切试验为主要研究手段，系统研究了粉液比及水泥比例变化，水泥种类及填料种类变化，混掺苯丙乳液或外掺乳胶粉，以及外掺增塑剂、偶联剂和碳纤维等对聚合物水泥复合道面填缝材料工作、力学性能的影响规律，分析了各指标变化的原因及机理，并根据所得试验结果及规律，得出了各原料配比参数的合理取值及应用范围。

（1）混掺苯丙乳液、外掺乳胶粉以及掺入硫铝酸盐水泥会使填缝料灌入稠度发生明显改变。当灌入稠度低于 25 s 时，填缝料试样均具备较好的流平性及可操作性，而继续提高填缝料稠度则会使其流平性变差，不利于施工成型。

（2）随着粉液比及水泥比例的增大，聚合物水泥复合道面填缝材料的强度和变形性能分别呈增大和减小趋势。在本章的原料配比范围内，合理的粉液比取值范围为 0.35～0.50，合理的水泥比例取值范围应为 30%～45%。

（3）改掺 32.5R 级普通硅酸盐水泥或 32.5 级白水泥后，填缝料强度变形指标均出现一定程度下降，故在实际工程中不建议采用低标号水泥进行替代使用，否则需采取一定的补强增韧措施。改掺或混掺硫铝酸盐水泥后，填缝料弹性变形及能耗性能明显降低，故通常不建议在填缝料中掺入快硬硫铝酸盐水泥。

（4）混掺重质碳酸钙、滑石粉以及云母粉后后，填缝料的强度性能指标均出现增大，且以混掺云母粉时增幅最大。混掺滑石粉后，填缝料变形指标总体提高，因而在实际应用中建议采用石英粉与滑石粉混掺的方式以提高其强度变形能力。

（5）混掺苯丙乳液后，填缝料的强度变形指标总体下降。外掺可再分散乳胶粉后，填缝料各强度指标随乳胶粉掺量的增大不断提高，但其掺量过大会对填缝料的变形能力及工作性能造成不利影响。在本章的原料配比范围内，合理的苯丙乳液混掺量应为乳液总质量的 20%～30%，合理的乳胶粉掺量应不大于乳液总质量的 5%。

（6）外掺增塑剂后，填缝料强度、模量以及断裂伸长率减小，弹性恢复率和个别变形指标增大，增塑剂掺量过大会使填缝料的强度变形性能明显劣化。外掺偶联剂后，填缝料各项拉伸、剪切性能指标均出现一定程度提高，但偶联剂掺量过多会使填缝料弹性恢复率减小。在本章的原料配比范围内，合理的增塑剂掺量范围应为乳液质量的 1%～3%，偶联剂的相对最佳掺量为乳液质量的 1%。

（7）外掺碳纤维后，填缝料的强度、模量明显增大，弹性恢复率明显降低，而变形性能的变化则与受力工况有关，实际工程中不建议在填缝料中掺入纤维增强材料。

（8）对于同一配比填缝料试件，其剪切强度及模量总体小于相应的拉伸强度及模量，而各剪切变形指标则总体大于相应的拉伸变形指标。

第4章
聚合物水泥复合道面填缝材料的耐久性能

4.1 引　　言

聚合物水泥复合道面填缝材料的性能除了与所用原料种类及配比参数有关以外,使用环境因素的影响亦不可忽略。不同环境因素作用下填缝材料的性能优劣反映了其长期耐久性能及环境适应性能。实际服役过程中,环境因素对填缝料性能的影响主要来自于气候温度变化,雨水雪水浸泡,日光辐照,自然风化以及一些特殊环境作用的影响(如酸雨等)。同时,对于机场道面接缝所用的填缝材料而言,还需考虑航油泄露造成的油料腐蚀,冬季使用除冰液和融雪剂造成的化学腐蚀以及使用热吹除雪设备产生的高温喷气造成的影响等。上述这些环境因素通过引发一系列老化、脆化、腐蚀和降解等破坏作用反应[256]对填缝材料的使用性能造成不同程度的负面影响,进而导致其在长期使用过程中会因耐久耐候性不足而过早地出现失黏、内聚破坏,失去原有的封缝效果。因此,有必要针对聚合物水泥复合道面填缝材料的耐久性能展开系统研究,这一方面有助于掌握不同环境因素对填缝材料使用性能的影响规律,另一方面也助于根据不同的使用环境特点,更有针对性地进行相应填缝料的配比优化设计。

本章以定伸、拉伸试验为主要研究手段,通过对多组填缝料试件进行多种模拟环境因素的预处理,系统研究不同温度作用、浸水作用、腐蚀环境作用以及紫外线老化作用对聚合物水泥复合道面填缝材料的力学性能的影响规律,分析各环境因素的影响作用机理,在此基础上,针对不同使用环境下填缝料的配比优化设计进行分析、探讨并提出优化后的填缝料配比参数。

4.2　试验设计及方法

4.2.1　试验原材料

聚合物乳液仍采用 Celvolit 1350 型 VAE 乳液和 Acronal S400F 型苯丙乳液;水泥种类采用"尧柏"牌 42.5 级普通硅酸盐水泥(P•O 42.5);填料采用石英粉

（300 目）、滑石粉（600 目）和云母粉（800 目）；分散剂、消泡剂、成膜助剂、增塑剂以及偶联剂的种类与第 3 章所用相同；憎水剂采用 Elotex SEAL81 型有机硅憎水剂，相关技术指标见表 4.1；紫外线屏蔽剂采用 Fe_3O_4 粉末。

表 4.1 有机硅憎水剂技术指标

性能	指标	性能	指标
外观	白色粉末	表观密度	650～800 g/L
组成	硅烷基添加剂	残留水分	≤2.0%
活性成分	硅氧烷	pH 值	9.0～11.0(10%水溶液)

4.2.2 试验方案及配比设计

本章以常温状态下（(20±2) ℃，无其他预处理）的填缝材料为对照组，主要考虑四方面环境因素对填缝料耐久性能的影响，即温度作用、浸水作用、腐蚀环境作用以及紫外线老化作用。其中，温度作用包括−20 ℃，−10 ℃，5 ℃，50 ℃，70 ℃以及冷拉（−20 ℃）热压（70 ℃）共计 6 种处理方式；浸水作用包括短时浸水、长时浸水以及干湿循环共计 3 种处理方式；腐蚀环境作用包括航油浸泡处理、酸溶液浸泡处理以及碱溶液浸泡处理共计 3 种处理方式；紫外线老化作用包括短时紫外线辐照和长时紫外线辐照共计 2 种处理方式。每种预处理方式的具体方法见第 4.2.3 节。

表 4.2 列出了本章试验涉及的 7 组填缝料配比。其中，配比 K 为根据第 3.7 节中的优化分析设计得到的主配比；在此基础上，考虑到上述不同工况下填缝料耐久性能的改变主要与其内部有机组分发生的一系列物化变化有关，故设计配比 FY 以考察聚合物组分相对含量变化（改变粉液比）对填缝料耐久性能的影响；考虑到增塑剂有益于提高聚合物水泥复合材料的低温柔性，设计配比 FZ 以考察外掺增塑剂对填缝料耐低温性能的影响；考虑到苯丙乳液较强的耐水性[174]和有机硅烷粉末优良的憎水性，分别设计配比 FH 和配比 FS 以考察乳液混掺及外掺憎水剂对填缝料耐水性能的影响；考虑到 Fe_3O_4 粉末作为一种颜料具有较好的紫外线屏蔽功能[174]，设计配比 FG 以考察外掺紫外线屏蔽剂对填缝料耐紫外线老化性能的影响；考虑到云母粉优良的耐腐蚀性能和光阻隔性能[174]，设计配比 FM 以考察混掺云母粉对填缝料耐腐蚀耐老化性能的影响。为减少试验次数，以上各组配比中，除主配比 K 用于所有工况下的测试以外，其余各组配比均只用于部分代表性工况下的测试，具体安排见表 4.3。

表 4.2 耐久性研究配比

配比编号	主要配比参数		每份原料配比（质量份）												
	粉液比	水泥比例	VAE乳液	苯丙乳液	石英粉	滑石粉	云母粉	P·O 42.5 水泥	SN-5040 分散剂	SN-345 消泡剂	DN-12 成膜助剂	偶联剂	增塑剂	憎水剂	紫外线屏蔽剂
K	0.40	40%	100	/	14.4	9.6	/	16	0.98	0.70	6	0.40	/	/	/
FY	0.50	40%	100	/	18.0	12.0	/	20	1.05	0.75	6	0.50	/	/	/
FZ	0.40	40%	100	/	14.4	9.6	/	16	0.98	0.70	6	0.40	3	/	/
FH	0.40	40%	80	20	14.4	9.6	/	16	0.98	0.70	6	0.40	/	/	/
FS	0.40	40%	100	/	14.4	9.6	/	16	0.98	0.70	6	0.40	/	0.70	/
FG	0.40	40%	100	/	14.4	9.6	/	16	0.98	0.70	6	0.40	/	/	4.2
FM	0.40	40%	100	/	11.5	7.7	4.8	16	0.98	0.70	6	0.40	/	/	/

注：1. 消泡剂掺量为乳液与粉料总质量的 0.5%；
2. 分散剂掺量为乳液与粉料总质量的 0.7%；
3. 成膜助剂掺量为总乳液质量的 6%；
4. 偶联剂掺量为总粉料质量的 1%；
5. 增塑剂掺量为乳液质量的 3%；
6. 憎水剂掺量为乳液与粉料总质量的 0.5%；
7. 紫外线屏蔽剂的掺量为乳液与粉料总质量的 3%；
8. 苯丙乳液的混掺量为总乳液质量的 20%；
9. 无云母粉时，滑石粉占总填料质量的 40%；
10. 有云母粉时，云母粉占总填料质量的 20%，滑石粉占其余填料质量的 40%。

表 4.3 各工况试验配比安排

工况	配比	工况	配比	工况	配比
−20 ℃	K,FY,FZ	70 ℃	K	航油浸泡	K,FY,FM
−10 ℃	K,FY,FZ	冷拉热压	K	碱溶液浸泡	K,FY,FM
5 ℃	K	短时浸水	K,FY,FH,FS	酸溶液浸泡	K,FY,FM
常温	所有配比	长时浸水	K	短时紫外辐照	K,FY,FM,FG
50 ℃	K,FY	干湿循环	K	长时紫外辐照	K

4.2.3 试件制备及试验方法

用于定伸、拉伸试验的试件基本按照第 3.2.3 节所述方法进行制备,只是试件的养护时间由之前的 28 d 增至 90 d,这主要是考虑到实际使用过程中环境因素对填缝料性能的作用影响通常发生在其养护、硬化完成后的一段较长时间内,因而延长养护时间,确保填缝料内水泥硬化与聚合物组分凝聚成膜充分完成,能够更加贴近实际工况。试件养护完成后,先按预定方案对各组试件进行相应工况的预处理,而后按照第 2 章所述方法分别进行定伸、拉伸试验,结果取 3 次重复试验的平均值。各工况的试件预处理方法如下:

(1)不同温度工况处理。试件恒温处理采用上海一恒科技有限公司生产的 BPHJS-060B 型高低温交变试验箱(见图 4.1)。试验时,先将试件移至试验箱内于预定温度下恒温保持 24 h,而后将试件取出并立刻进行定伸、拉伸试验,对于定伸试验的试件,其定伸保持过程和卸除垫块后的弹性恢复过程亦均在原预处理温度下进行。试件的冷拉热压处理(见图 4.2)方法如下:试验时,先将试件拉伸至规定宽度(拉伸幅度为试件原始宽度的 25%)并于 −20 ℃ 环境内保持 24 h,而后解除拉伸,将试件压缩至规定宽度(压缩幅度为试件原始宽度的 25%)并于 70 ℃ 环境内保持 24 h,如此重复处理 6 次后,解除压缩,而后进行定伸、拉伸试验。

图 4.1 高低温交变试验箱

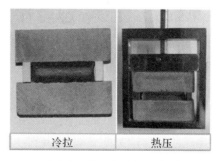

图 4.2 试件冷拉热压处理

(2)不同浸水工况处理。试验时,先将试件于常温环境下没入盛有自来水的容器中,浸泡至规定时间后取出(短时浸水浸泡 4 d,长时浸水浸泡 14 d),擦干试件表面的水分并立刻进行定伸、拉伸试验,对于定伸试验的试件,其定伸保持过程和卸除垫块后的弹性恢复过程亦均在浸水状态下完成。干湿循环处理方法如下:首先将试件于常温环境下浸泡 2 d,而后取出试件并于常温环境下自然干燥 2 d,如此重复作用 10 次后将试件在常温环境下继续静置 7 d,保证其内部水分基本蒸发完毕,而后进行定伸、拉伸试验。

(3)不同腐蚀工况处理。浸油处理时,先将试件于常温环境下没入盛有航空煤油的容器中,浸泡 2 d 后取出,擦干试件表面的浮油并立刻进行定伸、拉伸试验,对于定伸试验的试件,其定伸保持过程及卸除垫块后的弹性恢复过程亦均在浸油状态下完成。酸、碱腐蚀溶液通过掺入盐酸及 NaOH 颗粒制备而成,其 pH 值分别为 2.0~3.0 和 13.0~14.0,试验时,先将试件于常温环境下没入相应的腐蚀溶液中浸泡 14 d,接着将试件取出并于常温环境下自然干燥 7 d 以避免水分干扰影响,而后进行定伸、拉伸试验。

图 4.3 紫外线耐候试验箱

(4)不同时长紫外线辐照处理。紫外线辐照采用上海一恒科技有限公司生产的 LZW-050A 型紫外线耐候试验箱(见图 4.3)。试验时,先将试件移入试验箱内进行规定时间的紫外线辐照(功率为 320 W,辐照温度为 41 ℃,波长为 315~400 nm),其中,短时紫外线辐照时间 7 d,长时紫外线辐照时间 14 d,待辐照结束后,将试件取出并于常温环境下静置 24 h,而后进行定伸、拉伸试验。

4.3 温度作用影响

4.3.1 定伸黏结性能分析

不同温度工况下各组试件的典型定伸形态如图 4.4 所示。可以看出:①常温和 5 ℃下各组试件均具备良好的定伸黏结性;②当温度降至 -10 ℃时,K 组和 FZ 组试件无明显破坏产生,FY 组试件则出现严重的失黏破坏,当温度降至 -20 ℃时,仅 FZ 组试件尚能保持较好的定伸黏结性,其余两组试件均于黏结面处完全断开;③较高温度下(50 ℃和 70 ℃),各组试件均出现一定程度的内聚破坏;④冷拉热压处理后,K 组试件仍保持良好的定伸黏结性。

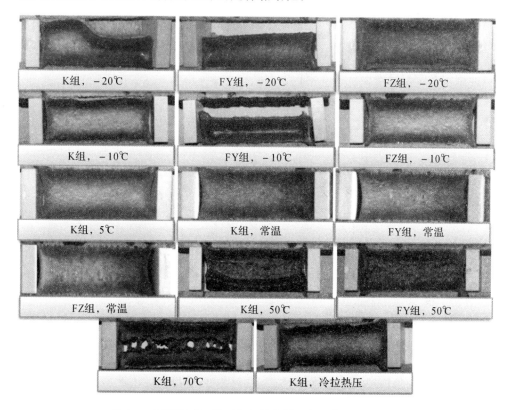

图 4.4 不同温度工况下各组填缝料试件的典型定伸形态

进一步结合弹性恢复率测试结果(见图 4.5,完全失黏脱边的相应组试件未进行弹性恢复率计算)可以看出:①在 5~70 ℃温度范围内,随着温度的升高,试件弹性恢复率不断增大,且当温度由常温增至 50 ℃时,K 组试件的弹性恢复率增幅大于 FY 组试件;②当温度降至 -10 ℃时,试件弹性恢复率明显增大,且 FZ 组试件的弹性恢复率大于 K 组试件;③当温度降至 -20 ℃时,FZ 组试件的弹性恢复率进一步增大至 86.74%;④冷拉热压处理后,K 组试件的弹性恢复率较常温时基本保持不变。

4.3.2 拉伸性能分析

不同温度工况下各组试件的拉伸性能指标变化如图 4.6 所示(图中括号内的数字为拉伸峰前韧度占总韧度的百分比,下同)。从图中可以看出:

(1)就强度指标而言,①在 -20~70 ℃温度范围内,随着温度的升高,各组试件拉伸强度不断减小,且当温度降至 0 ℃以下时,试件拉伸强度较常温时显著增大;② 相同温度下,FY组试件的拉伸强度均大于K组试件拉伸强度,且温度越低,强度差越大,例如,在常温时,$f_{T,FY} - f_{T,K} = 0.520$ MPa,在-20 ℃ 时,$f_{T,FY} - f_{T,K} = 1.139$ MPa;③ 相同温度下,FZ组试件的拉伸强度均小于K组试件拉伸强度,且二者间的强度差亦在低温工况下更为明显;④ 冷拉热压处理后,K组试件的拉伸强度较常温时增大0.136 MPa。

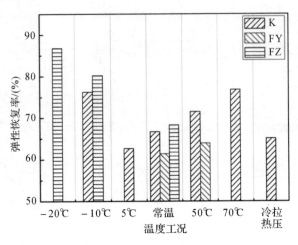

图4.5 不同温度作用对填缝料弹性恢复率的影响

(2)就变形指标而言,①在常温～70 ℃温度范围内,各组试件变形指标随温度的升高不断减小;②当温度降至0 ℃以下时,各组试件的变形指标总体上较常温时明显减小,且FY组试件由于受拉后在黏结面处迅速发生断裂破坏(见图4.7),导致其基本不具备形变能力(变形指标接近于0),但是对于FZ组试件,其断裂伸长率在0 ℃以下时不降反增,且其各变形指标均大于同低温下的K组试件;③当温度由常温降至5 ℃时,K组试件的峰值应变减小,但断裂伸长率和平台应变反而增大;④冷拉热压处理后,K组试件的断裂伸长率及平台应变较常温时基本保持不变,而峰值应变则显著提高,进一步结合图4.7可以发现,此时试件的峰值应变靠近失效断裂应变且试件应力-应变曲线下降段变得陡峭,说明试件在到达峰值应变不久后便发生突然破坏。

(3)就能耗指标而言,①在常温～70 ℃温度范围内,随着温度的升高,各组试件的拉伸韧度及拉伸峰前韧度均不断减小,拉伸峰前韧度占总拉伸韧度百分比亦明显降低;②在常温～-20 ℃温度范围内,随着温度的降低,K组和FZ组试件拉伸韧度不断增大,而拉伸峰前韧度及其所占百分比却不断减小,但是对于FY组试件,由于其在低温拉伸后迅速破坏,导致其拉伸韧度在0 ℃以下时急剧减小,并且由于此时试件基本在峰值应变处发生完全破坏(见图4.7),其峰前韧度与拉伸韧度基本相等;③冷拉热压处理后,K 组试件的拉伸韧度及拉伸峰前韧度较常温时均有所增大,特别拉伸是峰前韧度占总拉伸韧度百分比显著提高,由常温时的 42.6%增至处理后的 75.0%。

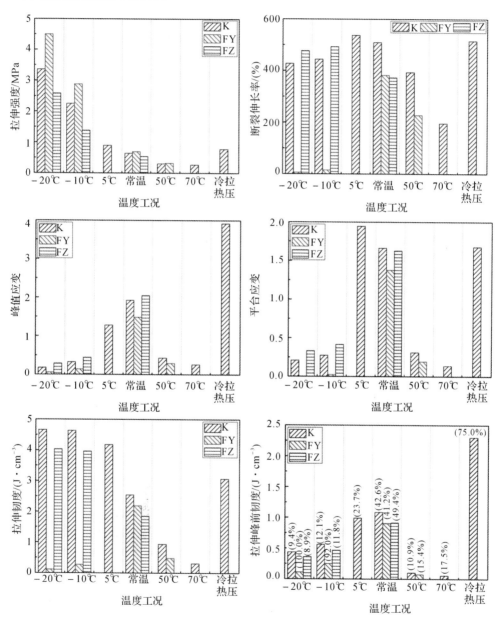

图 4.6 不同温度作用对填缝料拉伸性能指标的影响

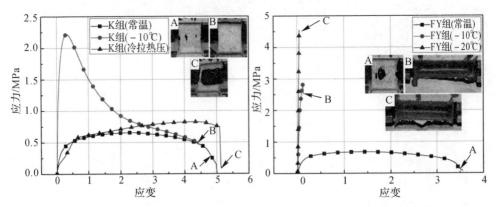

图 4.7　各典型温度工况下填缝料拉伸应力-应变曲线及破坏形态

4.3.3　机理分析

通过上述分析可以看出,环境温度对于聚合物水泥复合道面填缝材料的力学性能影响显著。根据第 3.7 节中的分析可知,填缝料内部聚合物分子链段的柔性是影响其力学行为的主要因素,通常情况下,分子链段的柔性主要来源于分子内旋转,而内旋转的难易程度则取决于内旋转位垒的大小,因而凡是能够使内旋转位垒改变的因素都会使分子链段的柔性发生变化,进而影响填缝料的宏观力学性能。不同的环境温度下,聚合物的分子热运动程度和不同分子运动形式所需要的激发能不同,导致分子链段克服内旋转位垒的难易程度亦有所不同,进而在宏观上使得填缝料的定伸、拉伸性能呈现出较强的温度敏感性。

当温度降至 -10 ℃和 -20 ℃时,聚合物分子热运动能量很低,不足以克服主链内旋转位垒,以至于链段运动基本处于"冻结"状态,因而此时外部荷载作用只能使大分子链的侧基、链节、键长和键角等产生微小的改变,在宏观上则表现为填缝料柔性变形能力降低,且外力去除后的弹性恢复能力增强。同时,由于低温环境下分子间作用力加强,且外部荷载难以通过分子链段的运动伸展得以耗散平衡,因而外部荷载作用能在填缝料内部不断积累增大,导致填缝料在宏观上表现为内聚强度迅速增大并最终引发填缝料与基材黏结面处的脆性断裂破坏或失黏破坏。

当温度升至 50 ℃和 70 ℃时,一方面,高温环境使得分子热运动增强,聚合物体积膨胀,分子间自由空间增大,致使分子链段内旋运动变得更加容易;另一方面,高温对聚合物分子链还会产生一定的热降解作用(聚合物分子链被断裂成较小的部分),导致相对分子质量下降,材料变软。因此在高温环境下,较低的外部荷载作用便可使得聚合物分子链发生较大的不可逆位移形变,在宏观上则表现为填缝料抵抗外荷载作用能力下降,强度、变形及能耗指标同时减小,且在定伸状态下容易出现内聚破坏。此外,由于高温增强了聚合物分子链段运动的活跃性,在外荷载卸除后,分子链段更易通过热运动恢复至受力前的自然卷曲状态,因而填缝料在高温下的弹性恢复率较常温下有所提高。

当温度为5℃时,虽然环境温度较常温时有所下降,但由于此时聚合物大分子链运动尚未像−10℃和−20℃时处于"冻结"状态,只是需要更多的外部荷载以助其克服分子内旋转位垒,进而完成分子链段的构象改变和伸展运动变形,因而在此温度下,填缝料的内聚强度增大,且断裂伸长率及平台应变较常温时不降反增。此外,由于该温度下聚合物分子链段的热运动程度较常温时有所减弱,因而填缝料的弹性恢复率较常温时有所下降。

掺入增塑剂后,增塑剂分子通过分散进入聚合物分子链段之间的自由体积内,使得分子链间距离增大,相互作用力减弱,分子内旋转位垒降低,因而原本在低温环境下无法运动的链段也能够发生构象改变及伸展运动,在宏观上则表现为掺入增塑剂后填缝料在低温时的内聚强度降低,柔性变形能力增强。

增大粉液比后,新增的粉料颗粒会占据聚合物分子链间的自由体积,增大空间位阻,阻碍分子运动,因而在外荷作用下,分子链段在相同温度下(尤其是在低温环境下)的运动变形将进一步受阻,在宏观上则表现为填缝料内聚强度增大,变形性能减弱,特别是低温柔性急剧下降。

冷拉热压处理对填缝料拉伸力学性能的影响主要源于交替变化的温度及应力状态对材料造成的疲劳老化作用。由于试件在低温和高温环境下同时还承受着外部应力作用(一直保持着定伸或定压状态),这种力活化作用会进一步加速温度老化作用[256],使聚合物分子链间产生一定程度交联,导致自由体积减小,分子内旋转位垒增大,因而分子链拉伸舒展及取向过程所需要的外力及时间相应增大和延长,在宏观上则表现为填缝料内聚强度及峰值应变增大,峰后韧性降低。此外,分子链交联和热压过程产生的挤密作用使得填缝料内部一部分孔隙闭合,材料致密性提高(由第6章中的孔隙结构分析结果可知),这对于填缝料内聚强度的增大也具有一定作用。

4.4　浸水作用影响

4.4.1　定伸黏结性能分析

不同浸水作用下各组试件的典型定伸形态如图4.8所示,可以看出,各组试件均无明显的内聚破坏或失黏破坏产生,表现出良好的定伸黏结性能。

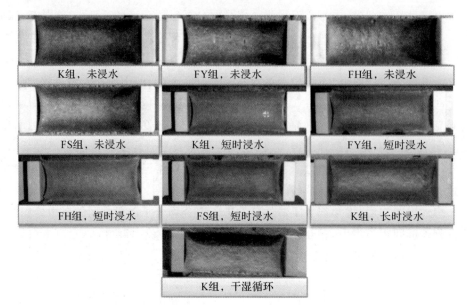

图 4.8　不同浸水作用下各组填缝料试件的典型定伸形态

　　进一步结合弹性恢复率测试结果（见图 4.9）可以看出：①短时浸水后各组试件的弹性恢复率较未浸水时均略有下降，且延长浸水作用时间使得 K 组试件弹性恢复率降幅进一步增大；②相同浸水时长下，FY 组和 FH 组试件的弹性恢复率较 K 组试件分别减小和增大，说明增大粉液比对浸水后填缝料的弹性恢复性能起负面影响，而混掺一定量的苯丙乳液则能提高填缝料的弹性恢复率，这与未浸水工况下的影响规律一致；③外掺憎水剂对填缝料弹性恢复率无明显影响；④干湿循环作用后，K 组试件的弹性恢复率较未浸水时降低 7.71%。

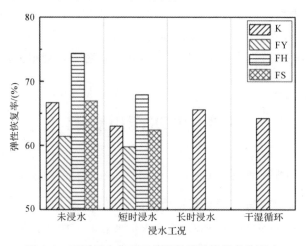

图 4.9　不同浸水作用对填缝料弹性恢复率的影响

4.4.2 拉伸性能分析

不同浸水作用下各组试件的拉伸性能指标变化如图 4.10 所示。从图中可以看出以下现象。

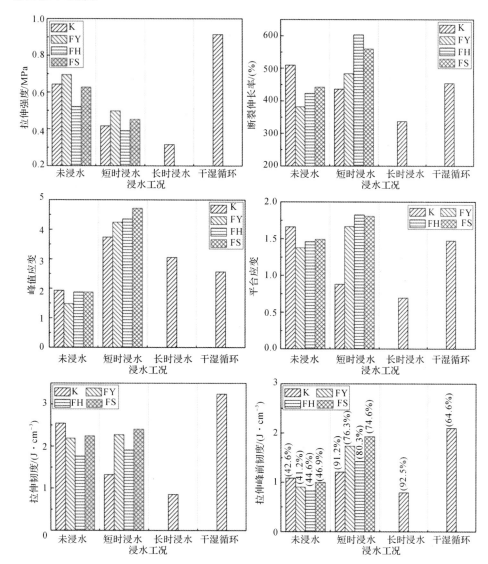

图 4.10 不同浸水作用对填缝料拉伸性能指标的影响

(1)就强度指标而言,①短时和长时浸水后各组试件的拉伸强度均出现一定程度下降,且对于 K 组试件,其拉伸强度的降幅随浸水时长的增大而增大;②短时浸水作用后,四组试件的强度保持率(浸水后拉伸强度占未浸水时拉伸强度的百分比)由大到小依次为 FH 组(74.7%)＞FS 组(72.2%)＞FY 组(71.6%)＞K 组(64.8%);③干湿循环作用后,K 组试件的拉伸强度较未浸水时明显增大。

(2)就变形指标而言,①K 组试件的断裂伸长率及平台应变随浸水时长的增大不断减小,其余三组试件的断裂伸长率及平台应变在短时浸水后均较未浸水时明显增大,且以 FH 组试件增幅最大,其余两组试件增幅基本一致;②四组试件的峰值应变在短时浸水后均显著提高,且以 FS 组试件的峰值应变相对最大,对于 K 组试件,延长浸水时间使其峰值应变增幅略有下降;③未浸水时,K 组试件的各项变形指标均大于其余三组试件,而在短时浸水后,K 组试件的各项变形指标均小于其余三组试件;④干湿循环作用后,K 组试件各变形指标的变化趋势与短时、长时浸水后一致,即断裂伸长率及平台应变减小,峰值应变增大。

(3)就能耗指标而言,①K 组试件的拉伸韧度随浸水时长的增大不断减小,其余三组试件的拉伸韧度在短时浸水后略有增大,且以 FS 组试件的拉伸韧度相对最大;②四组试件的拉伸峰前韧度在短时浸水后均有所提高,且以 FS 组试件的增幅相对最大,但对于 K 组试件,其拉伸峰前韧度在长时浸水后出现下降;③未浸水时,K 组试件的拉伸韧度和拉伸峰前韧度均大于其余三组试件,而在短时浸水后,K 组试件的拉伸韧度和峰前韧度均小于其余三组试件;④短时和长时浸水后,各组试件的拉伸峰前韧度占总拉伸韧度百分比较未浸水时显著增大,说明浸水后填缝料的主要拉伸形变过程发生在应力达到拉伸强度之前;⑤干湿循环作用后,K 组试件的拉伸韧度、拉伸峰前韧度以及拉伸峰前韧度占总拉伸韧度的百分比均有所提高。

4.4.3　机理分析

水分进入聚合物水泥复合道面填缝材料主要通过两种方式:一是水分透过填缝料的毛细孔结构不断渗透分散,二是乳液中的水溶性胶体物质和聚合物分子中的亲水官能团具有一定的吸水作用。一方面,进入填缝料内部的水分与填缝料中的极性基团形成氢键,使得聚合物分子间氢键遭到破坏,分子间的相互摩擦力减弱,分子链间距离增大,起到类似于"增塑剂"的作用;另一方面,由水引发的水溶、水解反应会进一步削弱填缝料内部的各种键合力,降低分子内旋转位垒,增大自由体积空间。上述两方面作用的影响随着浸水时间的增长、水分渗入量的增大而不断增强,因此浸水后填缝料内部分子链段的运动变得更加容易,在较小的外荷载作用下便可产生较大的位移变形,在宏观上则表现为浸水后填缝料拉伸强度降低,峰值应变显著增大,拉伸峰前韧度及其所占总拉伸韧度的比例相应提高。

然而,根据第 4.4.2 节中的分析可知,短时浸水后 K 组试件断裂伸长率、平台应变以及拉伸韧度的变化与其余三组试件有所不同,这主要是由于配比成分不同导致填缝料的黏结强度、破坏形式及应力-应变曲线形态发生改变所致的。图4.11所示为不同浸水作用下试件的典型拉伸应力-应变曲线及破坏形态。可以看出：①对于 K 组试件，水分的溶胀侵蚀作用降低了填缝料与基材间的黏结强度，导致试件的破坏形式由未浸水时的内聚破坏变为浸水后的失黏破坏。因此，虽然水的"塑化"作用会促进填缝料的拉伸变形，但由于失黏破坏发生的过早且此时试件尚未被拉断，填缝料最终变形程度减小，断裂伸长率在浸水后降低，同时，由于失黏破坏的发生较为突然，故试件应力在到达拉伸强度后迅速下降，导致平台应变在浸水后减小。②对于 FY 组试件，粉液比增大使得填缝料密实度提高，从一定程度上缓解了水分的侵蚀溶胀作用，同时，水泥含量增多进一步提高了填缝料与基材间的黏结强度，延缓了失黏破坏的发生，因此虽然浸水后试件破坏形式与 K 组试件相同，亦为失黏破坏，但其最终变形程度在水的"塑化"作用下得以累积增大，且应力-应变曲线下降段的斜率也有所减小，使得填缝料断裂伸长率、平台应变以及拉伸韧度在浸水后增大。③对于 FH 组试件，混掺的苯丙乳液不但具备良好的耐水性及柔韧性，而且其中存在的—COOH 基团等能够与水泥水化产物间产生化学键合作用[5]，形成分子链交联，进一步改善了填缝料的耐水性并降低了分子降解的可能性；对于 FS 组试件，有机硅憎水剂中硅烷基团的释放有效提高了填缝料的疏水性，抑制了水分侵蚀溶胀作用对填缝料黏结性能的影响。因此，浸水后这两组试件破坏形式均为内聚破坏，在水的"塑化"作用主导下，试件的整体变形程度较未浸水时增大，使得填缝料断裂伸长率、平台应变以及拉伸韧度相应增大。

此外，对于经历干湿循环作用的填缝料试件，由于此时试件内部已基本不含自由水分，故不存在上述水的"塑化"作用。但是，在干湿循环过程之中，填缝料内部大量未水化的水泥颗粒会与渗入其中的水分发生二次水化反应，因而其拉伸强度明显增大，变形柔韧性略有减小。需要说明的是，填缝料在短时、长时浸水时也会发生水泥的二次水化作用，只是其效果在试验时被水的"塑化"作用所掩盖。

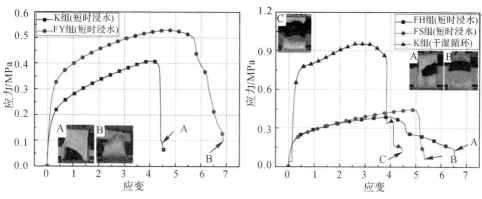

图 4.11 各典型浸水工况下填缝料拉伸应力-应变曲线及破坏形态

4.5 腐蚀环境作用影响

4.5.1 定伸黏结性能分析

不同腐蚀环境作用后各组试件的典型定伸形态如图 4.12 所示。从图中可以看出,航油浸泡、酸溶液浸泡以及碱溶液浸泡后,各组试件外观无明显改变且仍保持良好的定伸黏结性能,无内聚破坏或失黏破坏产生。

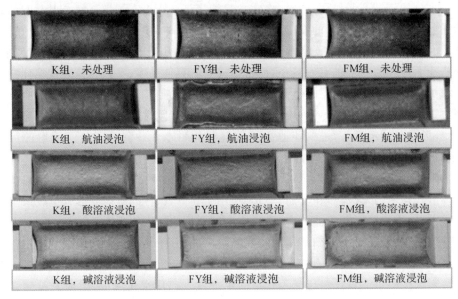

图 4.12 不同腐蚀环境作用后各组填缝料试件的典型定伸形态

进一步结合弹性恢复率测试结果(见图 4.13)可以看出:①浸油后,K 组及 FY 组试件的弹性恢复率较未浸油时有所减小,FM 组试件的弹性恢复率基本保持不变;②酸溶液及碱溶液浸泡后,各组试件的弹性恢复率均较未处理时出现一定程度减小。

4.5.2 拉伸性能分析

不同腐蚀环境作用后各组试件的拉伸性能指标变化如图 4.14 所示。从图中可以看到以下现象。

(1)就强度指标而言,①浸油后,各组试件的拉伸强度较未浸油时均出现下降,且以 FM 组试件的拉伸强度及强度保持率(80.19%)相对最高;②酸溶液浸泡后,各组试件拉伸强度较未处理时明显增大,增幅处于 0.25～0.35 MPa 之间;③碱溶液浸泡后,各组试件拉伸强度较未处理时亦有增大,但其增幅同酸溶液浸泡工况相比明显减小。

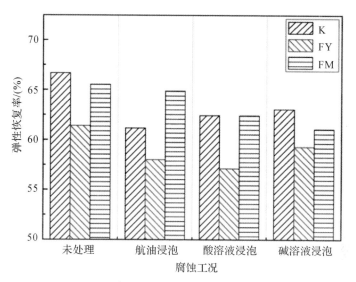

图 4.13 不同腐蚀环境作用对填缝料弹性恢复率的影响

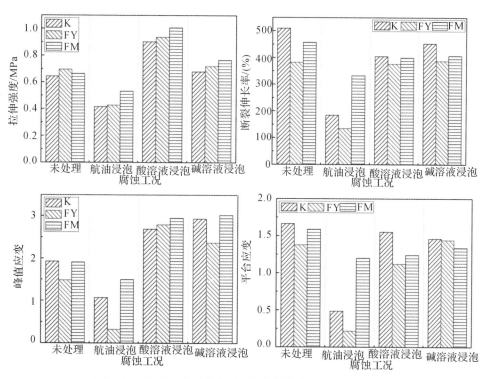

图 4.14 不同腐蚀环境作用对填缝料拉伸性能指标的影响

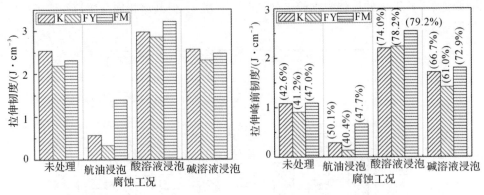

续图 4.14　不同腐蚀环境作用对填缝料拉伸性能指标的影响

（2）就变形指标而言，①浸油后，各组试件的各项变形指标较未浸油时均出现大幅减小，且以 FY 组试件降幅最大，K 组试件降幅次之，FM 组试件降幅最小；②酸溶液及碱溶液浸泡后，各组试件的峰值应变较未处理时显著增大，而断裂伸长率及平台应变则减小，且其降幅同浸油工况相比明显较小。

（3）就能耗指标而言，①浸油后，各组试件的拉伸韧度及拉伸峰前韧度均较未浸油时出现下降，但是 FM 组试件的降幅明显低于其他两组试件；此外，浸油前后各组试件拉伸峰前韧度所占总拉伸韧度的百分比变化较小，且基本处于 40%～50% 之间。②酸溶液及碱溶液浸泡后，各组试件的拉伸韧度及拉伸峰前韧度较未处理时均出现一定程度提高；就增幅而言，拉伸峰前韧度增幅大于拉伸韧度增幅，酸溶液浸泡后增幅大于碱溶液浸泡后增幅。③酸溶液及碱溶液浸泡后，各组试件的拉伸峰前韧度占总拉伸韧度的百分比增至 60%～80% 之间。

4.5.3　机理分析

通过上述分析可以看出，浸油处理对于聚合物水泥复合道面填缝材料的拉伸性能具有明显的劣化作用。同浸水后水分的作用机理相似，油分渗入填缝料内部后破坏了聚合物大分子间的次价键，降低了分子间的相互作用力，将原本缠绕在一起的分子链段溶胀开来，使得填缝料整体结构强度及内聚能下降，而且作为一种有机溶剂，油分的侵蚀溶胀效应较水分更为强烈，致使其作用效果主要呈现为"软化""弱化"的破坏效应，而非浸水产生的"塑化"效应。因此，浸油后填缝料的各项强度、变形及能耗指标出现整体下降，而并未出现浸水作用后试件变形指标（如峰值应变）增大的现象；同时，渗入油分的溶胀溶解作用降低了填缝料与基材表面间的氢键密度[24]，致使试件黏结强度降低，拉伸破坏形式由未浸油时的内聚破坏变为浸油后的失黏破坏（见图 4.15 中 K 组和 FY 组试件）。此外，混掺云母粉后填缝料的耐油性能够得到明显提升。这一方面是由于云母粉粒度较细，混掺后能够有效提升填缝料的密实度及整体结构强度；另一方面，云母粉在微观层次上的鳞片状的结构具有较好的重叠性和较高的径厚比[229]和聚合物分子链段的空间位阻，使得油分渗透所必须通过的路径长度[229]和聚合物分子链段的空间位阻，使得油分的侵入腐蚀作用得以削弱，因此填缝料拉伸性能及黏结强度的劣化程度相对较小，且拉伸破坏形式仍保持为内聚破坏（见图 4.15 中 FM 组试件）。

酸溶液及碱溶液浸泡后，填缝料的个别变形指标虽有降低，但总体上定伸、拉伸性能并未出现明显劣化，同时，填缝料的拉伸强度及拉伸韧度不降反增，因而可以认为本书所制备的聚合物水泥复合道面填缝材料具备较好的酸、碱稳定性。此外，各组填缝料试件的拉伸强度在经酸、碱溶液浸泡后增大的原因与第 4.4 节中干湿循环作用后填缝料拉伸强度增大的原因类似，即主要是由于未水化的水泥颗粒发生二次水化反应所致。然而，酸溶液浸泡后填缝料拉伸强度的增幅明显较碱溶液浸泡后偏大。初步分析认为，这可能是由于在酸溶液环境中，更多由水泥水化反应产生的 $Ca(OH)_2$ 与酸反应，分解出大量 Ca^{2+}，这些 Ca^{2+} 通过与聚合物分子链上的活性基团发生反应[5]，使得填缝料内部形成大量交联的聚合体结构，导致其内聚强度进一步增大，而在碱溶液环境中，$Ca(OH)_2$ 的溶解受到一定程度抑制，因而 Ca^{2+} 数量相对较少，填缝料内聚强度的增幅亦相对较低。

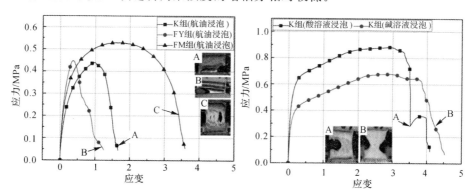

图 4.15　各典型腐蚀环境下填缝料拉伸应力-应变曲线及破坏形态

4.6　紫外线老化作用影响

4.6.1　定伸黏结性能分析

不同时长紫外线辐照后各组试件的典型定伸形态如图 4.16 所示。从图中可以看出，各组试件均未发生内聚、失黏破坏，说明紫外线辐照对填缝料定伸黏结性能并未造成明显负面影响。

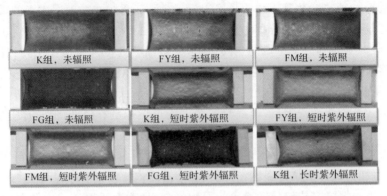

图 4.16　不同时长紫外线辐照后各组填缝料试件的典型定伸形态

　　进一步结合弹性恢复率测试结果(见图 4.17)可以看出:①短时紫外辐照后各组试件的弹性恢复率较未辐照时均有所增大,其增幅由大到小依次为 FG 组(5.76%)>FY 组(4.43%)>K 组(3.40%)>FM 组(1.81%);②就 K 组试件而言,其弹性恢复率随辐照时间的延长而增大,但增幅相对较小(1.53%);③未辐照及短时紫外辐照后,FY 组及 FM 组试件的弹性恢复率均小于相应工况下的 K 组试件,而 FG 组试件的弹性恢复率则较相应工况下的 K 组试件有所提高。

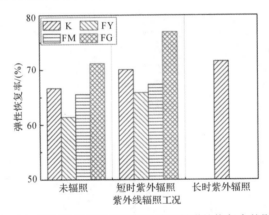

图 4.17　不同时长紫外线辐照对填缝料弹性恢复率的影响

4.6.2　拉伸性能分析

　　不同时长紫外辐照后各组试件的拉伸性能指标变化如图 4.18 所示。从图中可以看到以下现象。

　　(1)就强度指标而言,①各组试件在经历短时紫外辐照后拉伸强度均有所增大,且辐照时间的延长使得 K 组试件的拉伸强度进一步增大;②同未辐照时相比,短时紫外辐照后四组试件的拉伸强度增幅由大到小依次为 FG 组(0.402 MPa)＞K 组(0.400 MPa)＞FY 组(0.289 MPa)＞FM 组(0.262 MPa);③FY 组及 FM 组试件的拉伸强度在未辐照时均大于 K 组试件,但是在经历短时紫外辐照后则小于 K 组试件。

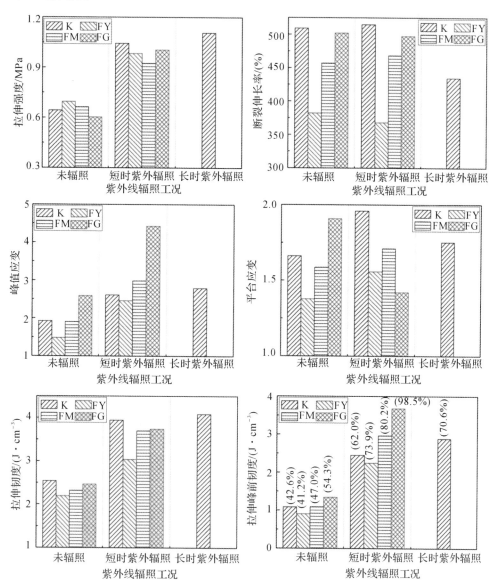

图 4.18 不同时长紫外线辐照对填缝料拉伸性能指标的影响

(2)就变形指标而言,①短时紫外辐照作用后各组试件断裂伸长率较未辐照时基本保持不变；随着辐照时间的延长，K 组试件断裂伸长率出现一定程度减小。
②各组试件的峰值应变在短时紫外辐照作用后均显著增大，且 FG 组试件的峰值
应变明显大于其余三组试件。③K 组、FY 组和 FM 组试件的平台应变在短时紫
外辐照后均出现一定程度提高，但 FG 组试件的平台应变则在短时紫外辐照后明
显减小。④长时紫外辐照后，K 组试件的峰值应变较短时紫外辐照后进一步增
大，但平台应变则较短时紫外辐照后有所减小。

（3）就能耗指标而言，①各组试件的拉伸韧度、拉伸峰前韧度以及拉伸峰前韧
度占总拉伸韧度的百分比在经历短时紫外辐照后均明显增大；②对于 K 组试件，
延长辐照时间会造成上述变化更加明显。

4.6.3　机理分析

紫外线辐照处理对填缝料拉伸力学性能的影响主要与紫外线引起的聚合物老
化反应有关。从能量角度而言，短波紫外线的光照能量通常大于大部分聚合物分
子的结合键能，因而在长期辐照作用下，部分聚合物分子呈激发状态并在氧的协同
作用下发生连锁的光氧化反应。这种反应由填缝料表层向内部逐渐发展，最终导
致聚合物分子链间产生一定程度交联，进而使得聚合物分子链在拉伸舒展及取向过
程中所需要的外力及时间相应增大和延长，因此填缝料在紫外辐照作用后拉伸强度、
峰值应变以及各能耗指标明显增大，且应力-应变曲线下降段近似垂直（见图 4.19），
即试件在达到峰值应变后便迅速失效破坏。总体而言，上述紫外线老化作用对填缝
料宏观力学性能的影响与第 4.3 节中冷拉热压处理造成的老化作用影响类似。

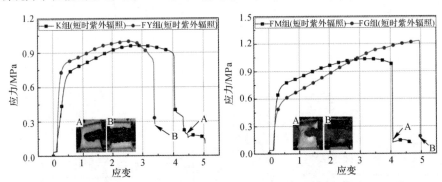

图 4.19　各典型紫外辐照工况下填缝料拉伸应力-应变曲线及破坏形态

增大粉液比或外掺云母粉后，填缝料在紫外辐照作用后的拉伸强度增幅减小，
说明耐紫外线老化作用提高。这是因为：①粉液比越大，无机填料及水泥含量越
多，因而无机组分对紫外线的屏蔽阻隔效果提高，同时，更多的水泥水化产物与聚
合物活性基团间的反应也进一步增强了填缝料在紫外线辐照下的稳定性；②云母
粉在微观层次上的鳞片状的结构能够有效防止紫外线的穿透，从而降低了聚合物

分子链发生交联硬化反应的概率。然而,根据第 4.6.2 节中的分析可知,外掺 Fe_3O_4 粉末后,填缝料在紫外辐照作用后的拉伸强度增幅并未减小,说明其耐紫外线老化性并未得到改善,即 Fe_3O_4 粉末未起到预期的紫外线屏蔽效果,这可能是由于 Fe_3O_4 粉末被其他无机组分或聚合物胶膜覆盖包裹,其难以发挥对紫外线的吸收、散射及反射作用。具体原因有待进一步研究。

4.7　配比优化分析

根据本章中的试验结果并结合第 1.2.1.3 节中的综述分析可以看出,本章中 K 组填缝料试件在冷拉热压、浸水以及浸油工况下均保持良好的定伸黏结性,满足相关标准规范中对填缝料耐久性的基本要求。在此基础上,结合其他配比及工况下的定、拉伸试验结果,对聚合物水泥复合道面填缝材料的配比适用性及进一步优化分析如下:

(1)就温度耐久性而言,FY 组试件在 $-10\ ℃$ 及 $-20\ ℃$ 下均出现严重的定伸失黏破坏且基本不具备弹性变形能力,这说明增大粉液比对填缝料的低温柔性会产生较为严重的负面影响,因而若填缝料长期处于低温环境中服役,则应严格控制其粉液比。外掺增塑剂后,FZ 组试件 $-20\ ℃$ 下仍能保持良好的定伸黏结性,且填缝料在低温环境下的变形柔韧性得到明显改善,这说明外掺增塑剂是提高填缝料低温柔性的有效措施。总体而言,由配比 K 制备的填缝料在温度降至 $-10\ ℃$ 时尚能满足使用要求,若环境温度进一步降低,则需掺入增塑剂(掺量可取乳液质量的 3%)以提高其低温柔性。此外,实际工况下气温的升高通常伴随着道面板的膨胀,即对填缝料产生相应的压缩应力,因而虽然 K 组及 FY 组试件在 $50\ ℃$ 及 $70\ ℃$ 高温下的定、拉伸性能出现一定程度下降,但其并未出现高温流淌、热压挤出等现象,因而一般情况下可不对其高温拉伸性能作特殊要求,仅要求其满足冷拉热压工况下的相关要求即可。

(2)就耐水性而言,增大粉液比、混掺苯丙乳液以及外掺憎水剂对填缝料的耐水性均具有一定的改善作用。三种方式各自作用特点如下:①增大粉液比的优点在于不需要准备其他原料且浸水后填缝料仍能具备较高的拉伸强度,但是增大粉液比后填缝料在常温工况下的柔韧性会有所损失(根据第 3 章的研究可知),特别是对填缝料低温柔性的负面影响很大,而在北方寒冷地区,降雨降雪往往伴随着低温冰冻,因此若要通过增大粉液比的方式提高填缝料的耐水性能,则还需综合考虑其对填缝料变形性能和低温柔性的影响;②混掺苯丙乳液的优点在于浸水后填缝料的弹性恢复性能和拉伸变形性能相对较优,不足之处在于混掺苯丙乳液后填缝料的拉伸强度降幅较大,填缝料整体变软,因而该方法仅适用于对填缝料强度要求不高的情况;③外掺有机硅憎水剂能够有效提升浸水后填缝料的拉伸性能,同时对于填缝料的其他使用性能亦无明显负面影响,是一种通用性较好且改善效果较优的填缝料耐水性提高方法,憎水剂掺量可取乳液与粉料总质量的 0.5%。

(3)就耐腐蚀性而言,K组、FY组以及FM组试件在酸、碱腐蚀处理后虽然个别变形指标有所减小,但其使用性能并未出现明显的劣化表征,且拉伸强度及韧度不降反增,因而可以认为其具备较好的耐酸、耐碱性。然而,在浸油环境下,K组和FY组试件的内聚强度、黏结强度以及变形性能均出现显著劣化,但FM组试件受浸油腐蚀作用的影响明显较小。鉴于此,实际工程中在一些受油料腐蚀频率较高的部位,如停机坪、跑道端头等,可以采用混掺云母粉的方式提高填缝料的耐油性,降低浸油对其使用性能造成的不利影响。需要注意的是,云母粉的掺量不宜过大。本章中云母粉掺量为总填料质量的 20%,在此掺量下,填缝料在常温工况下的基本力学性能无明显负面变化,而根据第3章中的研究可知,当云母粉掺量进一步增至40%时,会对填缝料的柔韧性产生不利影响。

(4)就耐紫外线老化性而言,增大粉液比或混掺云母粉均能降低紫外线对填缝料的老化作用,且以混掺云母粉的效果相对最佳。但是,将 Fe_3O_4 粉末作为紫外线屏蔽剂掺入填缝料后,填缝料的耐老化性能并未得到明显改善,因而在实际工程中对紫外线屏蔽剂的选用需进行提前试配检验。

根据上述优化分析结果,得出优化后的聚合物水泥复合道面填缝材料配比见表 4.4。其中,配比 PCS 为一般工况下的通用配比,配比 PCS-E 用于强腐蚀或强紫外线辐照环境工况。需要说明的是,实际工程中若所用原料种类或其技术性能指标与本书所用原料差异较大,则需对表 4.4 所列配比进行适当调整。

表 4.4　优化后的聚合物水泥复合道面填缝材料配比

配比编号	每份原料配比(质量份)										
	VAE乳液	P·O 42.5水泥	石英粉	滑石粉	SN-5040分散剂	SN-345消泡剂	DN-12成膜助剂	偶联剂	增塑剂	憎水剂	云母粉
PCS	100	16	14.4	9.6	0.98	0.70	6	0.4	3	0.7	/
PCS-E	100	16	11.5	7.7	0.98	0.70	6	0.4	3	0.7	4.8

注:1. 每份原料配比的单位可取 g 或 kg 等;

2. 消泡剂掺量为乳液与粉料总质量的 0.5%;

3. 分散剂掺量为乳液与粉料总质量的 0.7%;

4. 成膜助剂掺量为乳液质量的 6%;

5. 偶联剂掺量为粉料质量的 1%;

6. 增塑剂掺量为乳液质量的 3%;

7. 憎水剂掺量为乳液与粉料总质量的 0.5%;

8. 无云母粉时,滑石粉占总填料质量的 40%;

9. 有云母粉时,云母粉占总填料质量的 20%,滑石粉占其余填料质量的 40%。

4.8 小 结

本章系统研究了不同环境因素,包括不同温度作用、浸水作用、腐蚀环境作用以及紫外线老化作用对聚合物水泥复合道面填缝材料定伸性能和拉伸性能的影响规律,分析了各环境因素的影响作用机理,在此基础上,针对不同使用环境下填缝料的配比优化设计进行分析、探讨并提出了优化后的填缝料配比参数。本章主要结论如下:

(1)不同环境温度下,聚合物水泥复合道面填缝材料表现出明显的"低温硬化"效应和"高温软化"效应。同常温时相比,高温下(50 ℃和 70 ℃)填缝料出现定伸内聚破坏,各拉伸性能指标减小,低温下(−10 ℃和−20 ℃)填缝料弹性恢复率、拉伸强度及拉伸韧度增大,各拉伸变形指标明显减小。冷拉热压处理后,填缝料拉伸强度、峰值应变以及各拉伸能耗指标有所增大,其余指标基本保持不变。

(2)浸水及干湿循环处理后,聚合物水泥复合道面填缝材料均具备良好的定伸黏结性能,但弹性恢复率有所下降。浸水后,填缝料在水的"塑化"作用下变软,即拉伸强度减小,峰值应变增大,而断裂伸长率、平台应变以及拉伸韧度的变化则与填缝料的拉伸破坏形式有关。干湿循环处理后,填缝料除断裂伸长率及平台应变有所减小以外,其余拉伸性能指标均明显增大。

(3)航油、酸溶液以及碱溶液浸泡后,聚合物水泥复合道面填缝材料弹性恢复率下降,但仍保持良好的定伸黏结性能。浸油后,填缝料各拉伸性能指标显著劣化。酸、碱腐蚀处理后,填缝料断裂伸长率及平台应变虽有减小,但其拉伸强度及拉伸韧度不降反增,且其整体性能亦未出现明显的劣化表征。

(4)紫外线辐照作用后,聚合物水泥复合道面填缝材料的弹性恢复率有所增大,定伸时无内聚、失黏破坏产生。此外,紫外线辐照对填缝料造成的老化作用使得其拉伸强度、峰值应变以及各拉伸能耗指标明显增大。

(5)增大粉液比对聚合物水泥复合道面填缝材料的低温柔性会产生较为严重的负面影响,外掺增塑剂是提高填缝料低温柔性的有效措施。增大粉液比、混掺苯丙乳液以及外掺憎水剂对填缝料的耐水性均具有一定的改善作用,且以外掺憎水剂适用性及改善效果相对最优。混掺云母粉能够有效提高填缝料的耐油性及耐紫外线老化性。

(6)优化后的聚合物水泥复合道面填缝材料通用配比(质量份)如下:VAE 乳液 100 份;P·O 42.5 水泥 16 份;石英粉 14.4 份,滑石粉 9.6 份,分散剂 0.98 份,消泡剂 0.7 份,成膜助剂 6 份,偶联剂 0.4 份,增塑剂 3 份,憎水剂 0.7 份。强腐蚀或强紫外线辐照环境工况下可在上述配比基础上混掺 4.8 份云母粉(占总填料质量的 20%)。

第5章
聚合物水泥复合道面填缝材料的微观
形貌及孔隙结构特征

5.1 引　言

聚合物水泥复合道面填缝材料的宏观力学、耐久性能受多方面因素影响,如原料种类、配比参数和使用工况等,但不论何种因素,其影响作用机理最终都可归结为对填缝料微观组织结构和物质成分造成的改变。此外,针对填缝料采取的一系列配比优化措施及相应的制备工艺要求,其目的也是通过这些手段尽可能地改善填缝料的微观组织结构并避免或弥补影响填缝料性能的微结构缺陷,从而使填缝料内部各组分能够充分发挥各自的性能优势,满足相应的使用设计需求。由此可见,通过在微观层面上对聚合物水泥复合道面填缝材料的形态、结构和组成等进行研究,能够帮助我们从根本上掌握材料内部有机、无机两种组分间的相互作用机制及各类因素对填缝料宏观性能的影响作用机理,从而为聚合物水泥复合道面填缝材料的性能评估、失效分析以及优化改性等提供科学依据及理论支撑。

本章以扫描电镜观测及压汞试验为主要研究手段,首先研究聚合物水泥复合道面填缝材料的基本微观形貌特征及孔隙结构特征,分析不同原料种类、配比参数以及处理工况的影响作用规律;然后,通过引入分形理论,进一步研究填缝料孔径分布的分形特征及变化规律;最后,在此基础上提出适用于聚合物水泥复合道面填缝材料的微结构生成模型并分析其成型机理。

5.2 试验方法及方案

微观形貌观测采用韩国酷塞目公司生产的 EM - 30 型扫描电子显微镜(见图5.1)。试验前为提高样品表面的导电性,先对新切的样品断面进行 90 s 喷金处理,而后分别于不同放大倍数下对其进行观测。

孔隙结构测定采用美国康塔仪器公司生产的 PoreMaster 33 型全自动压汞仪(见图5.2),试验前先采用精密电子天平对样品质量进行称量(精度为 0.1 mg),而后将样品分别置于低压站和高压站内进行压汞测试分析,试验压力范围为 20～

30 000 psi[①]，汞接触角为 140°。

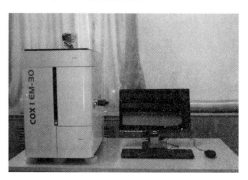

图 5.1　扫描电子显微镜

图 5.2　全自动压汞仪

　　用于进行微观试验的填缝料样品取自于第 3 章和第 4 章中所制备的部分填缝料试件，且对所有样品均进行微观形貌观测及孔隙结构测定。表 5.1 列出了具体试验方案，相应样品的配比及处理工况可参见表 3.2～表 3.10 及表 4.2、表 4.3。其中，由于电镜观测及压汞试验对样品自身及测试环境的温度、湿度具有相应的要求，因而在第 4 章中仅选取经历冷拉热压、干湿循环以及长时紫外辐照工况处理后的 K 组试件样品进行测试分析。

表 5.1　电镜观测及压汞试验方案

样品编号	样品来源	研究目的	样品编号	样品来源	研究目的
DZ	第三章	对照组	H3	第三章	研究苯丙乳液的影响
Y1	第 3 章	研究粉液比的影响	J3	第 3 章	研究乳胶粉的影响
Y6	第 3 章		ZS3	第 3 章	研究增塑剂的影响
CR1	第 3 章	研究水泥比例的影响	OL3	第 3 章	研究偶联剂的影响
CR6	第 3 章		X3	第 3 章	研究碳纤维的影响
CT3	第 3 章	研究水泥种类的影响	K（无处理）	第 4 章	对照组
CT5	第 3 章		K（冷拉热压）	第 4 章	研究冷拉热压作用的影响
T3	第 3 章	研究填料种类的影响	K（干湿循环）	第 4 章	研究干湿循环作用的影响
T4	第 3 章		K（紫外辐照）	第 4 章	研究紫外辐照作用的影响

---

　　① psi 英文全称为 pounds per square inch，1 psi＝6.895 kPa。

5.3　微观形貌特征分析

　　根据材料内部有机聚合物组分与无机组分间相对含量的不同,聚合物水泥复合材料的基本微观构型通常分为三类(见图5.3):①当聚合物组分含量较低,无机填料及胶凝组分占主体时,聚合物组分尚不能形成连续相,只能以分散相的形式局部聚集或散落在由水泥水化产物及填料构成的基相中,此时材料的宏观力学性能仍呈刚性,聚合物主要起塑化、增韧、减缩、减孔等改性优化作用。称此类为第Ⅰ类微观构型。②当聚合物组分含量与无机组分含量相当时,材料内部已能够形成较为连续的聚合物胶膜结构,而由水泥水化产物及填料构成的刚性网架结构已不完整且被聚合物胶膜所穿插、包裹,因而在整体上两种组分互为连续相,形成了相互贯穿交织的复合网络结构并共同抵抗外力作用,材料刚性大幅降低。称此类为第Ⅱ类微观构型。③当聚合物组分含量占主体,无机填料及胶凝组分含量相对较低时,连续、无定形的聚合物胶膜组织结构构成了复合材料的基相,无机组分仅在局部范围内形成不完整的凝胶网络结构,而在整体上仍作为分散相嵌入包裹于聚合物基相之中,此时材料在聚合物组分的主导作用下呈现出良好的柔性变形能力,无机组分主要起增强、填充作用。称此类为第Ⅲ类微观构型。

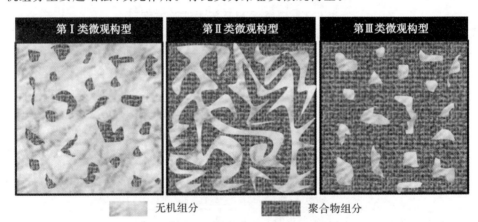

图5.3　聚合物水泥复合材料的三种微观构型

　　本章所涉及的各主要无机粉料颗粒的微观形态和P·O 42.5水泥水化产物的微观形貌(样品为相应的水泥砂浆)如图5.4所示。图5.5所示为不同组填缝料样品在不同放大倍数下的典型微观形貌。可以看出,本书所制备的聚合物水泥复合道面填缝材料整体上属于上述第Ⅲ类微观构型,即以聚合物胶膜为连续基相,各类无机组分镶嵌分散于其中,同时,在局部无机组分相对富集的部位,也能够观测到聚合物胶膜与无机填料、水泥水化产物等相互交织形成的复合网络结构,类似于上述第Ⅱ类微观构型。另外,根据图5.5还可以进一步观测到以下微观形貌特征:①填缝料内部随机分布着许多大小不一的孔隙,这些孔隙主要为水分蒸发后形成的干缩孔洞,同时,分散搅拌过程和各种气体反应生成物(如 CO_2 等)引入的气泡也会导致一定孔隙量的产生;②无机粉料在填缝料内部并未达到绝对完全的均匀分散状态,在一定尺度范围内存在"结团"现象,同时,由于填料与水泥在掺入液料之前进行了干混搅拌,因而在填缝料硬化成型后,无机填料、水泥水化产物等无机组分往往相互堆积凝聚在一起,若要准确鉴别区分还需借助能谱分析等手段;③填缝料内存在未水化的水泥颗粒,主要以填料形式存在,当环境温度与湿度符合条件时,这些水泥颗粒可能会发生二次水化反应,进而导致填缝料强度增大(如第4.4节中经历了干湿循环作用后的填缝料试件)。

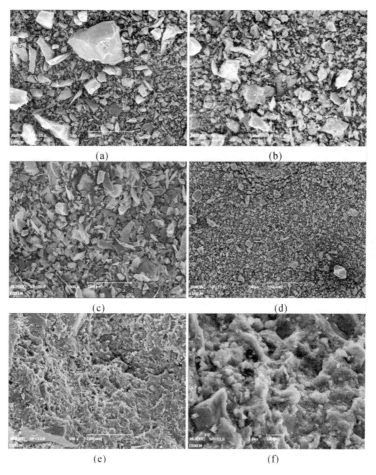

图5.4 无机粉料颗粒及水泥水化产物的微观形貌

(a)石英粉,500倍; (b)滑石粉,1 000倍; (c)云母粉,500倍;

(d)P·O 42.5水泥,500倍; (e)水泥水化产物,500倍; (f)水泥水化产物,2 000倍

　　此外,通过对比表 5.1 中所有试件样品的电镜观测结果发现,这些样品的总体微观形貌无显著差别且均具备上述分析特征,说明本章所涉及的配比参数及工况变化不会改变填缝料的基本微观构型及特征。但是,当个别配比参数或工况变化造成填缝料孔隙结构发生明显改变时,相应观测到的孔隙大小及数量会有较为明显的不同。例如,图 5.6 所示为孔隙观测结果具有较大差别的各组样品的低倍微观形貌。从中可以看出,同对照组(DZ 组)相比,降低粉液比(Y1 组),混掺苯丙乳液(H3 组)或改掺低标号白水泥(CT3 组)会使观测到的孔隙增大变密;相反,在高粉液比下(Y6)或混掺一定量的硫铝酸盐水泥时(CT5 组),所观测到的孔隙则减小变疏。需要说明的是,其余配比参数或工况变化时,填缝料的孔隙结构也会发生改变(由第 5.4 节中的分析可知),只是通过电镜观测难以得到明显反映。

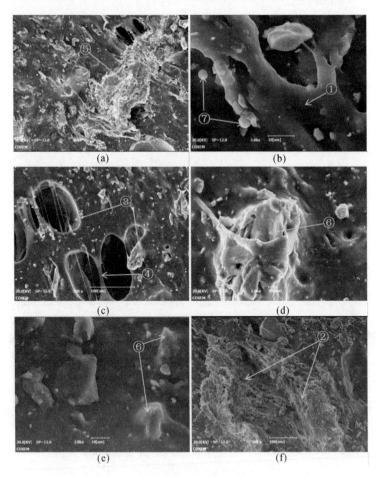

图 5.5　聚合物水泥复合道面填缝材料的典型微观形貌

(a)DZ 组,300 倍;　(b)DZ 组,3 000 倍;　(c)Y1 组,500 倍;

(d)Y1 组,1 000 倍;　(e)CR1 组,2 000 倍;　(f)CR6 组,300 倍

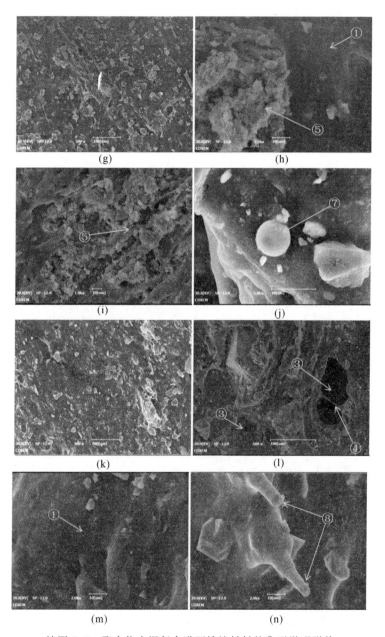

续图 5.5 聚合物水泥复合道面填缝材料的典型微观形貌

(g)CR6 组,300 倍; (h)CT3 组,2 000 倍; (i)CT5 组,1 000 倍; (j)T3 组,5 000 倍;

(k)T4 组,300 倍; (l)H3 组,500 倍; (m)J3 组,2 000 倍; (n)X3 组,2 000 倍

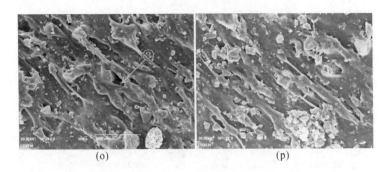

(o)   (p)

续图 5.5　聚合物水泥复合道面填缝材料的典型微观形貌

(o)K 组(冷拉热压),500 倍；　(p)K 组(干湿循环),500 倍

①—聚合物胶膜；　②—聚合物与无机组分形成的互穿网络结构；　③—孔洞；　④—横穿孔洞的聚合物胶膜；

⑤—填料及水泥水化产物形成的聚集体；　⑥—被包裹的无机组分；　⑦—未水化的水泥颗粒；　⑧—被包裹的碳纤维

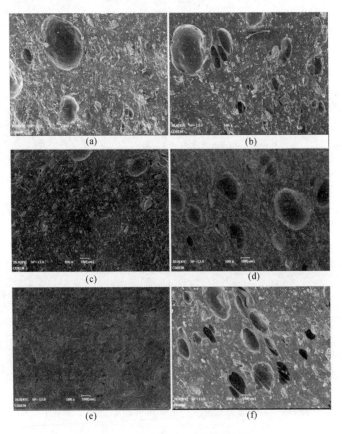

(a)   (b)

(c)   (d)

(e)   (f)

图 5.6　微观孔隙观测结果变化

(a)DZ 组,100 倍；　(b)Y1 组,100 倍；　(c)Y6 组,100 倍；

(d)CT3 组,100 倍；　(e)CT5 组,100 倍；　(f)H3 组,100 倍

5.4 孔隙结构特征分析

5.4.1 孔隙结构基本特征

聚合物水泥复合道面填缝材料孔隙结构的大小分布与其宏观力学性能和抗渗性、抗腐蚀性等耐久性能密切相关。本节主要基于压汞试验结果,通过孔径分布微分曲线、平均孔径(总孔隙体积与孔表面积均值的比值)、最可几孔径(孔径分布微分曲线上峰值对应的孔径)、中值孔径(累计进汞量达到50%时对应的孔径)和总孔隙量等孔隙结构参数对填缝料的基本孔隙结构特征进行分析(本章中的孔径均指孔隙直径)。

表5.2列出了各组被测样品的孔隙结构参数,相应的孔径分布微分曲线如图5.7所示。此外,文献[257]中对压汞试验中测得的孔结构按照孔径大小分为四类,即大孔(孔径大于1 000 nm)、毛细孔(孔径为100~1 000 nm)、过渡孔(孔径为10~100 nm)和凝胶孔(孔径小于10 nm)。按照此分类,各组被测样品中上述四类孔各自的孔隙量及其所占总孔隙量的百分比如图5.8和图5.9所示。

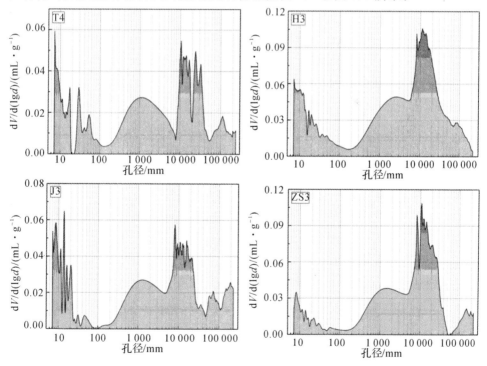

图5.7 孔径分布微分曲线

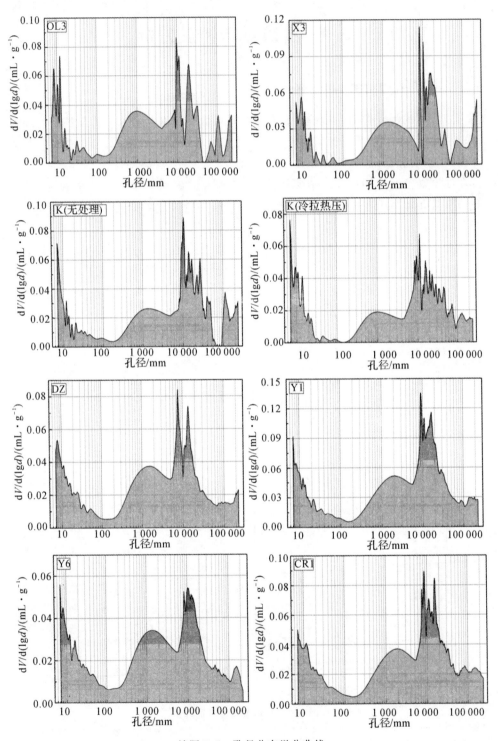

续图 5.7 孔径分布微分曲线

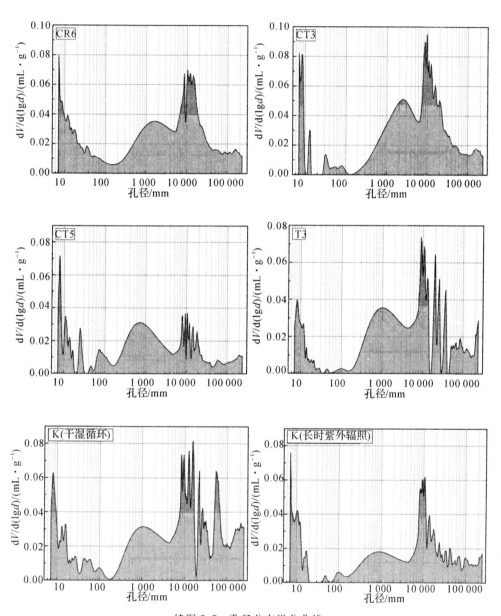

续图 5.7　孔径分布微分曲线

表 5.2　孔隙结构参数

样品编号	平均孔径 nm	最可几孔径 nm	中值孔径 nm	总孔隙量 mL·g⁻¹	孔隙百分比/(%)				孔分维 D_p
					孔径小于 10 nm	孔径为 10～100 nm	孔径为 100～1 000 nm	孔径大于 1 000 nm	
DZ	63.16	7 857	2 654	0.111 1	6.12	15.48	14.31	64.09	2.780 1
Y1	72.86	9 261	5 092	0.168 5	5.46	12.82	9.91	71.81	2.728 0
Y6	61.87	7.16	2 082	0.100 1	6.10	16.88	15.68	61.34	2.782 1
CR1	72.35	8 648	4 905	0.122 8	4.89	14.41	11.48	69.22	2.761 6
CR6	58.38	7.16	2 601	0.109 9	6.51	17.27	13.56	62.66	2.781 1
CT3	85.21	9 627	4 982	0.112 8	7.71	4.70	10.11	77.48	2.635 2
CT5	54.02	7.72	1 052	0.069 0	7.97	15.51	24.93	51.59	2.789 7
T3	88.16	8 924	2 877	0.086 2	5.45	6.26	19.26	69.03	2.615 8
T4	61.95	7.15	2 418	0.087 0	6.78	16.21	15.75	61.26	2.781 9
H3	71.55	11 140	4 914	0.161 5	4.95	14.74	10.09	70.22	2.730 2
J3	53.02	13.67	2 419	0.088 4	8.14	14.37	12.78	64.71	2.770 1
ZS3	116.70	10 720	7 381	0.124 8	3.45	7.05	11.78	77.72	2.608 5
OL3	62.58	9 848	2 408	0.109 0	6.50	13.10	17.60	62.80	2.766 3
X3	74.17	8 446	4 359	0.110 6	6.01	8.55	13.47	71.97	2.659 3
K（无处理）	68.79	10 750	6 263	0.097	7.02	11.13	12.78	69.07	2.722 9
K（冷拉热压）	51.11	7.17	6 662	0.080 6	8.30	12.78	10.05	67.87	2.732 7
K（干湿循环）	69.17	15 620	6 120	0.111 4	6.46	11.85	13.02	68.67	2.722 3
K（长时紫外辐照）	52.17	7.146	3 955	0.068	8.97	10.88	16.47	63.68	2.736 9

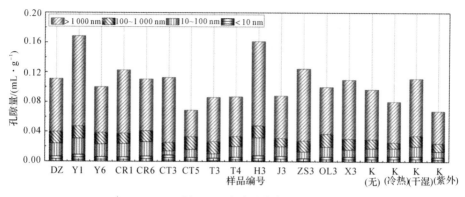

图 5.8　孔隙量分布

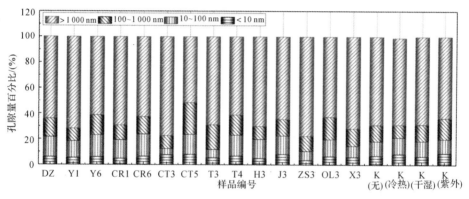

图 5.9　孔隙百分比分布

从表 5.2 以及图 5.7～图 5.9 中可以看到以下现象：

(1)就粉液比及水泥比例的影响而言，①随着粉液比的增大(Y1→DZ→Y6)，填缝料总孔隙量及各特征孔径不断减小(特别是 Y6 组样品的最可几孔径所在的孔径区域由大孔区降至凝胶孔区)，大孔所占百分比降低，孔径小于 1 000 nm 的孔隙比例提高，孔隙结构整体细化。这主要是因为在高粉液比下填缝料内部固含量体积相对较大，材料密实度较高，且具备较强的抵抗干缩变形能力，因而水分蒸发后形成的孔隙数量较少、孔径较小，原本封闭的小孔也不易于相互连通贯穿。②水泥比例对填缝料孔隙结构的影响规律与粉液比基本一致，随着水泥比例的增大(CR1→DZ→CR6)，填缝料总孔隙量及各特征孔径亦不断减小，凝胶孔数量及过渡孔数量增幅明显，孔径分布逐渐向小孔径端移动，这说明水泥比例增大使得填缝料内部孔隙体积变少、孔径变小，密实度提高。造成这一现象的主要原因在于水泥掺量越多，水泥的吸水水化作用越明显，这一方面减少了水分的蒸发量和由此产生的干缩孔洞的数量，另一方面使得水泥水化产物不断增多，在这些水化产物的填充、阻隔作用下,填缝料的内部孔隙得以相应减少、细化。

(2)就水泥种类及填料混掺的影响而言,①改掺低标号的白水泥后(DZ→CT3),由于水泥标号较低导致水化作用较弱,水化产物较少,水分蒸发量较大,因而填缝料总孔隙量及各特征孔径均增大,孔隙结构整体粗化。②混掺硫铝酸盐水泥后(DZ→CT5),填缝料总孔隙量及各特征孔径均大幅减小,大孔所占百分比仅为51.59%,即填缝料孔隙结构得以明显细化。这主要是因为硫铝酸盐水泥遇水后快速凝结硬化并生成大量水化产物,进而大大降低了水分的蒸发量,阻碍了内部孔隙的形成、连通及扩展。③混掺滑石粉(DZ→T3)或云母粉(DZ→T4)后,填缝料总孔隙量减小,密实度得以改善,这主要得益于两种填料的堆积填充作用。然而,填缝料各特征孔径在混掺云母粉后减小,而在混掺滑石粉后则略有增大,这主要是因为两种填料在细度、晶体形态方面的差异造成其各自对填缝料孔径分布的影响不同。例如,混掺云母粉后填缝料内大孔所占百分比降低,毛细孔、过渡孔以及凝胶孔所占百分比均增大,而混掺滑石粉后凝胶孔,特别是过渡孔所占百分比减小,大孔及毛细孔所占百分比增大。

(3)就乳液混掺及外掺乳胶粉的影响而言,①混掺苯丙乳液后(DZ→H3),填缝料总孔隙量、各特征孔径以及大孔所占百分比均显著增大,特别是总孔隙量和最可几孔径的增幅分别达到了45.4%和41.8%,其主要原因是苯丙乳液较稀,导致固含量体积较小,水分蒸发量较大。②外掺乳胶粉后(DZ→J3),填缝料内聚合物组分含量增多,总孔隙量及各特征孔径在乳胶粉的分散、成膜及填充作用下均得以一定程度减小。

(4)就外掺外加剂及纤维的影响而言,①掺入增塑剂后(DZ→ZS3),填缝料总孔隙量及各特征孔径均明显增大,大孔所占百分比增至77.72%,凝胶孔及过渡孔仅占10.50%,说明填缝料密实度下降且孔径分布移向大孔径端。初步分析这可能是因为增塑剂对乳液颗粒的溶胀作用使得新拌填缝料稠度变大,气泡不易逸出破除。同时,随着增塑剂的吸收挥发,部分聚合物分子间作用力重新增大,这一内应力重新趋向平衡态的过程(类似于干燥收缩)也可能会引发一定量的孔隙产生,该现象的具体原因有待进一步研究。②掺入偶联剂后(DZ→OL3),尽管填缝料最可几孔径增大,但是总孔隙量、平均孔径以及中值孔径均有所减小,孔径分布变化主要表现为大孔体积及其所占百分比降低,毛细孔体积及其所占百分比增高。这是因为偶联剂增强了填缝料内无机组分和有机组分间的相互作用,使得材料致密性得以改善。同时,无机粉料经偶联剂的表面改性作用后,其分散均匀性提高,这也从一定程度上降低了孔隙形成的概率。③掺入碳纤维后(DZ→X3),填缝料总孔隙量基本不变,但各特征孔径均出现一定程度增大,说明孔隙结构粗化。这主要是因为掺入碳纤维后,纤维在填缝料内部的分布密度并不完全均匀,因而在纤维分布较密的地方,材料的内聚力及致密性在纤维的桥接阻裂作用下得以提高,孔隙数量整体减少,而在纤维分布较稀的地方,材料内聚力相对较小,致使成膜硬化后的收缩变形较大,大孔体积增加。

(5)就不同工况处理的影响而言,①冷拉热压后,填缝料内聚合物组分在温度老化作用下产生一定交联[256],同时,热压过程会造成材料内部一部分孔隙闭合,因而此时虽然填缝料中值孔径较无处理时变化较小,但是总孔隙量、平均孔径、特别是最可几孔径明显减小,凝胶孔及过渡孔所占百分比有所增大,孔隙结构得到一定程度细化;②干湿循环后,填缝料内一部分水泥水化产物及无机组分在水解、水溶作用下丧失并形成孔洞,导致总孔隙量及最可几孔径增大,但是填缝料中值孔径及平均孔径较无处理时变化很小,且各类孔隙所占百分比基本不变,这说明干湿循环后填缝料孔径分布并未出现明显变化;③长时紫外辐照后,填缝料总孔隙量及各特征孔径均减小,更多的大孔及过渡孔被分别细化为毛细孔及凝胶孔,这主要是因为部分聚合物分子在紫外线老化作用下产生交联,使得填缝料致密性提高。

总体而言,对于本书所制备的聚合物水泥复合道面填缝材料,其内部孔隙结构主要以孔径大于 1 000 nm 的大孔为主(基本占总孔隙体积的 60% 以上),孔径小于 10 nm 的凝胶孔体积相对较小(占总孔隙体积的 10% 以下)。此外,填缝料的总孔隙量主要反映了其内部总孔隙体积的大小,是材料整体密实程度的表征。填缝料各特征孔径与总孔隙量的变化趋势总体一致,这是因为通常材料致密性的提高均伴随着孔隙结构的细化,反之亦然。但是,由于各特征孔径的大小同时还与孔径分布有关,而在某些情况下,填缝料孔径分布变化较大或总孔隙量与孔径分布的变化趋势并不一致,因而也存在孔隙总量减少,而个别特征孔径增大或孔结构整体粗化的情况(如本章中的 T3 组、OL3 组以及冷拉热压处理后的 K 组样品)。由此可见,对于填缝料的孔隙结构特征不能仅通过单纯某个指标的变化进行推断,而是应当结合多项孔隙结构参数的变化进行多指标综合判断。

5.4.2 孔隙结构分形特征

分形理论由 Mandelbrot 于 20 世纪 70 年代创立[258],其研究对象主要为自然界中广泛存在的各种无序、不规则但又具有某种自相似性的系统。分形理论中的主要概念是分形维数,利用分形维数可以对几何形体的复杂性及空间填充能力进行量化描述。通过微观形貌观测分析可以看出,聚合物水泥复合道面填缝材料内部的孔隙结构分布杂乱无章,是一个混乱、无序的不确定系统,传统方法对这种复杂性难以进行有效的定量表征。为此,本节拟借助分形理论探究这一复杂现象背后的某种内在规律性。

基于压汞试验的孔隙结构分形模型主要包括 4 种[257],即 Menger 海绵模型、空间填充模型、孔轴线分形模型以及基于热力学关系的分形模型。前三种模型均先将孔隙结构假设为理想的数学几何体,然后根据分形的定义求出孔径分布的分形维数。然而,这种理想化的假设模型与实际孔隙结构之间差异较大,导致计算结果存在一定偏差,同时,利用这三种模型进行分形维数计算时往往存在不同的分形标度区,降低了计算结果的综合可比性。考虑到分形维数是对材料真实孔径分布的一种描述,因此要获得较为准确的分形维数,所用分形模型必须以实测孔径分布数据为基础。

鉴于此,本节在此选用基于热力学关系的分形模型[259]描述聚合物水泥复合道面填缝材料内部孔隙结构的分形特征。该模型在求解分形维数的过程中对孔隙结构的假设更加贴近实际情况,其基本依据是压汞测孔过程中汞液面表面能的增加与外力对汞所做的功相等,即施加于汞的压力 p_h 和进汞量 V_h 之间满足如下关系[259-260]:

$$\int_0^{V_h} p_h \mathrm{d}V = -\int_0^S \sigma_h \cos\theta \mathrm{d}S \tag{5.1}$$

式中,σ_h 为汞的表面张力;θ 为汞与样品间的接触角;S 为样品的孔表面积。

通过对式(5.1)进行量纲分析和离散化处理,可以将实测压力和进汞量与材料孔隙结构的表面分形维数进行关联,得到相应的分形模型表达式,即

$$\sum_{i=1}^{n} \bar{p}_{h,i} \Delta V_{h,i} = C' d_n^2 \left(V_{h,n}^{1/3}/d_n\right)^{D_p} \tag{5.2}$$

式中,n 为进汞时施加压力的间隔数;$\bar{p}_{h,i}$ 和 $\Delta V_{h,i}$ 为第 i 次进汞时的平均压力和进汞量;C' 为常数;d_n 和 $\Delta V_{h,n}$ 为第 n 次进汞时对应的孔径和累计进汞量;D_p 为基于热力学关系计算得到的孔表面积分形维数(以下简称为孔分维)。令 $W_n = \sum_{i=1}^{n} \bar{p}_{h,i} \Delta V_{h,i}$,$Q_n = V_{h,n}^{1/3}/d_{h,n}$,则式(5.2)可进一步改写为

$$\ln(W_n/d_n^2) = D_p \ln Q_n + \ln C' \tag{5.3}$$

根据式(5.3),可直接采用压汞实测数据求出 $\ln(W_n/d_n^2)$ 和 $\ln Q_n$,二者线性拟合直线的斜率即为 D_p。

图 5.10 所示为各组被测样品的 $\ln(W_n/d_n^2)$ $\ln Q_n$ 散点图及其拟合直线,相应的孔分维 D_p 计算结果如图 5.11 所示。可以看出,各组样品拟合直线的相关系数(R^2)均大于 0.99,说明聚合物水泥复合道面填缝材料的孔隙结构具有明显的分形特征,在本章所涉及的原料配比范围内,填缝料的孔表面积分形维数值在 2.6 ~ 2.8 之间。

由于孔分维是对填缝料孔隙结构整体无序性和复杂性的表征,孔分维值越大,

意味着填缝料孔径分布形态的不规则程度及复杂程度越高。而就压汞试验结果而言,这种复杂程度的提高通常表现为孔隙结构的细化,即小孔径孔隙所占百分比增大,大孔径孔隙所占百分比减小。反之,当填缝料的孔径分布移向大孔径端时,孔分维值则会相应减小。例如,结合基本孔隙结构参数分析可以看出:当填缝料粉液比由 0.30 增至 0.55 时(Y1→Y6),各孔隙结构参数均减小,大孔所占百分比由 71.81% 降至 61.34%,相应的孔分维值由 2.728 0 增至 2.782 1;在改掺低标号白水泥(DZ→CT3)或混掺苯丙乳液(DZ→H3)后,填缝料各孔隙结构参数均出现不同程度增大,大孔所占百分比分别增长 13.39% 和 6.13%,凝胶孔及过渡孔所占百分比总和分别降低 9.19% 和 1.91%,相应的孔分维值分别降至 2.635 2 和 2.730 2;经长时紫外辐照处理后,填缝料内部孔隙结构整体细化,相应的孔分维值由无处理时的 2.722 9 增至 2.736 9;经干湿循环处理后,虽然填缝料内的总孔隙量增大,但各孔径范围内的孔隙百分比变化较小,即孔径分布形态基本不变,故相应的孔分维值变化也较小(2.722 3)。

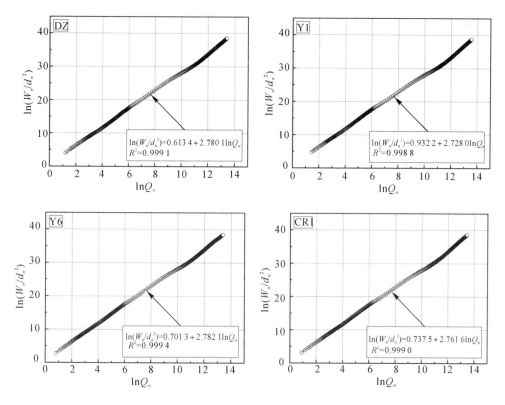

图 5.10　$\ln(W_n/d_n^2)$ $\ln Q_n$ 散点图及拟合直线

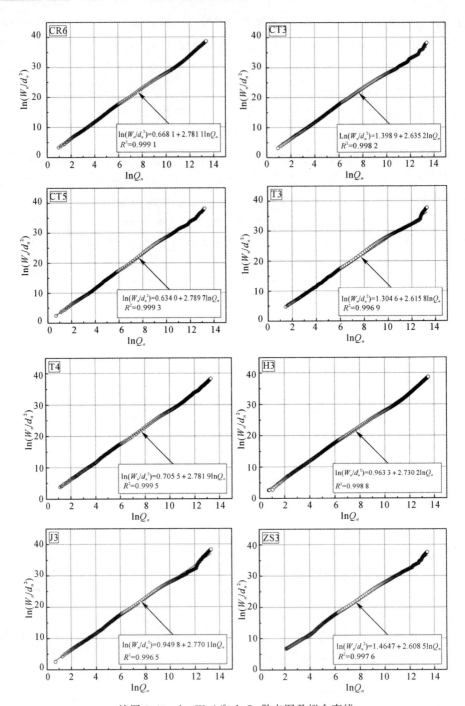

续图 5.10　$\ln(W_n/d_n^2)\ln Q_n$ 散点图及拟合直线

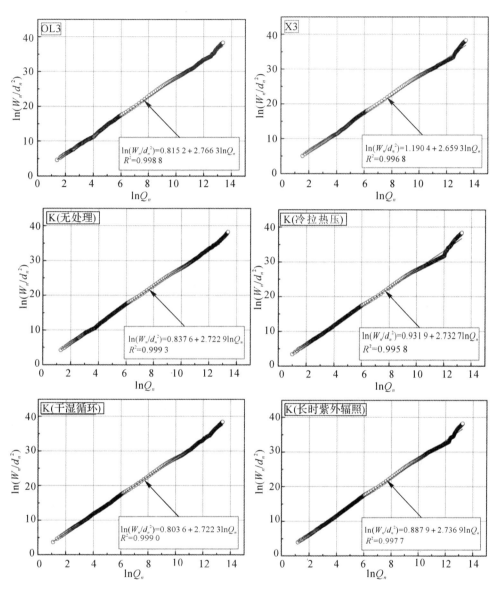

续图 5.10　$\ln(W_n/d_n^2)$ $\ln Q_n$ 散点图及拟合直线

为进一步验证上述观点,图 5.12 示出了各组样品的孔分维值与 $0 \sim 100$ nm 孔隙(凝胶孔与过渡孔)所占百分比间的关系。同时,定义加权对数平均孔径 δ 为

$$\delta = \sum_g \lambda_g \lg (d_g) \tag{5.4}$$

式中,下标 g 代表前文中的四类孔径范围,即大孔、毛细孔、过渡孔及凝胶孔;λ_g 为每类孔隙占总孔隙体积的百分比,即权重;d_g 为每类孔隙的代表孔径,即相应孔径

范围上、下限值的平均值,其中大孔的孔径上限取试验过程测得的最大孔径。图 5.13 示出了各组样品的孔分维值与加权对数平均孔径间的关系。

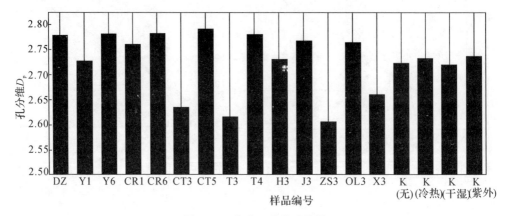

图 5.11　孔表面积分形维数

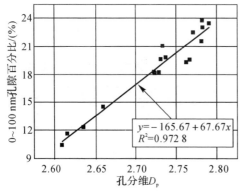

图 5.12　0～100 nm 孔隙百分比
随孔分维的变化

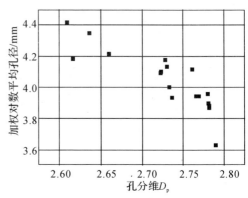

图 5.13　加权对数平均孔径
随孔分维的变化

通过图 5.12 和图 5.13 可以看出,总体上随着孔分维值的增大,填缝料内的小孔径(0～100 nm)孔隙比例不断增大,加权对数平均孔径逐渐减小,且填缝料孔分维值与 0～100 nm 孔隙所占百分比间存在较好的线性相关性。由此可见,本书得到的孔表面积分形维数是聚合物水泥复合道面填缝材料孔隙结构复杂性的理想表征量,填缝料中不同孔径孔隙相对含量的变化通过孔分维值的大小可以得到有效描述。实际应用中,孔表面积分形维数可以作为一项孔隙结构参数用来反映填缝料的孔径分布特征。需要注意的是,孔分维值的大小并不能直接推断出总孔隙体积的变化,尽管总孔隙量的增大(减小)通常伴随着孔隙结构的粗化(细化)和孔分维值的降低(增大),但也存在总孔隙量基本不变而孔径分布变化较大的情况。此外,上述结果与分析均是基于本书所采用的分形模型得到的,当分形模型改变时,可能会得到不同甚至相反的结论[257]。

5.5 微结构生成模型及机理

聚合物水泥复合材料的成型是一个综合了水泥水化硬化、聚合物脱水成膜以及一系列无机组分与有机组分间物化反应的复杂过程。根据第1.2.3节中的综述分析可知,现有研究已提出了多种模型用以描述这一过程中微结构的生成与演变[240],如 Ohama 模型,Konietzko 模型,Puterman 与 Malorny 模型,B−O−V 模型等。然而,已有模型针对的聚合物水泥复合材料主要为聚合物改性混凝土或聚合物改性砂浆,这类材料的基本微观构型及原料组成同本书所制备的聚合物水泥复合道面填缝材料相比尚存在一定差别,因此,尽管部分所涉及的物化反应过程及机理一致,但是已有模型并不完全适用于描述填缝料的微结构生成过程。鉴于此,本节在已有模型的基础上,结合填缝料自身成型特点、相应的微观形貌及孔隙结构观测结果,提出适用于聚合物水泥复合道面填缝材料的微结构生成模型如下(相应的生成过程示意图如图5.14所示):

第一阶段:无机粉料在消泡剂、分散剂的辅助作用下分散于聚合物乳液之中形成均匀拌合物,但这一过程中所能达到的均匀分散程度尚具有一定的局限性,在小尺度范围内仍存在未完全分散开来的粉料颗粒。同时,虽然掺入消泡剂和采用适当的搅拌工艺会消除拌合物内的绝大部分气泡,但是仍有少量微气泡残留在拌合物之中,因而新拌的填缝料混合物是一个兼具固相、液相以及气相的复杂集合体。

第二阶段:由于填缝料中聚合物组分所占比例相对较大,故无机粉料颗粒很快被聚合物乳液所包裹,而后部分水泥颗粒通过吸收乳液中的水分发生水化反应,且部分生成的水化产物(如水化硅酸钙凝胶、Ca(OH)$_2$等)与其他填料及未水化的水泥颗粒在局部一同形成无机组分网架。与此同时,聚合物乳液也由于水分的蒸发消耗开始逐渐成膜。其中,靠近无机组分(包括填料、水泥水化产物、未水化的水泥颗粒等)的乳液颗粒以邻近的固体颗粒为"核"沉积吸附在其表面形成胶膜,吸附动力主要为毛细管力和静电效应产生的选择性吸附[240],而相对远离无机组分的乳液颗粒则在水分蒸发引起的毛细压力作用下相互靠近接触,并逐渐凝聚、融合成连续的膜结构。此外,该阶段中也会伴随发生一系列有机无机组分间的化学反应。例如,原料中和水泥水化析出的无机阳离子会与聚合物分子链上的极性官能团发生反应[261],形成交联的阳离子聚合物复合结构,这类反应对于提高填缝料微结构的整体性与密实性具有一定积极作用。

第三阶段：随着反应时间及养护龄期的增长，填缝料内的水分不断蒸发、消耗，水泥的水化反应及聚合物的成膜作用逐渐减缓，聚合物颗粒凝聚成大面积连续的膜结构组织，无机组分大部分被聚合物胶膜所包裹覆盖，小部分与聚合物胶膜相互交织形成互穿的网络共基体结构。此外，水分蒸发引起的干缩和 CO_2 等气体生成物会造成材料内部形成一定量不同尺寸的孔洞。最终，在填缝料内部形成了以有机聚合物胶膜为主要基体连续相，各类无机组分及孔隙分布镶嵌于其中的微结构组织形态。

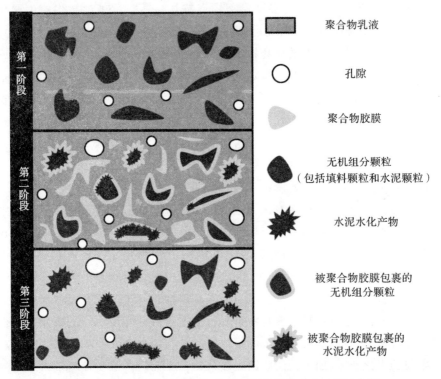

图 5.14　聚合物水泥复合道面填缝材料微结构生成过程示意图

除此以外，上述模型中还有以下几方面需要注意：①实际的填缝料成型过程是一个整体的连续过程，上述三个阶段之间并无明确的分界点；②上述过程中聚合物的成膜与环境温度、湿度密切相关，当湿度过大或温度低于最低成膜温度时，聚合物颗粒的成膜作用将严重受阻甚至终止；③包裹于无机组分表面的聚合物胶膜会延缓或阻碍水泥的水化反应；④若原料中还包括增塑剂、成膜助剂等外掺助剂，则其在分散均匀后会向聚合物分子间的渗透扩散以发挥其相应的功用。

5.6 小 结

本章主要通过扫描电镜观测及压汞试验研究了聚合物水泥复合道面填缝材料的基本微观构型及孔隙结构特征,分析了不同原料种类、配比参数以及处理工况对填缝料微观形貌及孔隙结构参数的影响规律,在此基础上,引入分形理论进一步研究了填缝料孔径分布的分形特征及变化规律,并提出了适用于聚合物水泥复合道面填缝材料的微结构生成模型。本章主要结论如下:

(1)聚合物水泥复合道面填缝料内部形成了以聚合物胶膜为连续基相,各无机组分及水泥水化产物作为分散相嵌入包裹于其中的基本微观构型,同时,在局部也存在聚合物胶膜与无机填料、水泥水化产物相互交织形成的互穿网络结构。

(2)聚合物水泥复合道面填缝料的内部孔隙结构主要以孔径大于 1 000 nm 的大孔为主(基本占总孔隙体积的 60% 以上),孔径小于 10 nm 的凝胶孔体积相对较小(占总孔隙体积的 10% 以下)。

(3)聚合物水泥复合道面填缝料的孔径分布具有明显的分形特征,相应的孔表面积分形维数在 2.6~2.8 之间。孔分维值越大,表明填缝料孔径分布形态的复杂性程度越高,即小孔径孔隙比例增大,大孔径孔隙比例减小,孔隙结构整体细化。

(4)聚合物水泥复合道面填缝料的孔隙结构特征应结合多项孔隙结构参数进行综合判断。总孔隙量增大通常伴随着孔隙结构粗化,导致各特征孔径(平均孔径,最可几孔径,中值孔径)增大、孔分维值降低,但由于后两者同时还受孔径分布变化影响,故总孔隙量的变化与特征孔径和孔分维值的增减并无绝对的对应关系。

(5)本章中原料种类、配比参数以及处理工况的变化对填缝料的基本微观形貌特征及构型无显著影响,其影响主要体现在对填缝料孔隙结构的改变上。其中,使填缝料总孔隙量减小、孔隙结构细化的措施包括增大粉液比及水泥比例、混掺硫铝酸盐水泥或云母粉、外掺乳胶粉或偶联剂、冷拉热压处理以及紫外线辐照处理等,而改掺低标号水泥、混掺苯丙乳液、外掺增塑剂的效果则刚好相反。此外,混掺滑石粉或外掺碳纤维后,填缝料总孔隙量基本不变或减小,但孔隙结构粗化,而干湿循环处理后,填缝料总孔隙量增大,但孔径分布无明显变化。

(6)聚合物水泥复合道面填缝料的微结构生成过程可以描述为无机粉料与聚合物乳液首先混合、分散形成兼具固相、液相及气相的填缝料拌合物,而后随着水泥水化反应、聚合物颗粒成膜以及有机无机组分间物化反应的持续进行,逐渐形成各类无机组分及孔隙分布镶嵌于聚合物基相中的微结构组织形态。

第6章
聚合物水泥复合道面填缝材料在机场道面接缝工程中的应用

6.1 引　　言

实际工程中,道面填缝材料的服役工况通常受多种环境因素的综合影响,如气候温差、日光辐照、雨水浸泡和交通荷载作用等。同室内试验所采用的模拟工况相比,这种实际现场环境的作用影响更为复杂多变,其对填缝料使用性能的要求也更为综合全面。已有研究表明[2],填缝材料在实际使用过程中所能达到的封缝效果及使用年限同室内试验结果往往存在一定差异。这一方面与现场施工环境、所用设备以及施工质量等有关;另一方面则是因为室内试验无法精确模拟实际工程中填缝料的养护成型条件及服役环境,因而导致对其性能预测及评价存在一定误差。由此可见,若要对填缝材料的实际使用性能做出真实、准确、客观的评价,还需在室内试验结果的基础上进一步借助现场试验检测。

本章主要将所制备的聚合物水泥复合道面填缝材料应用于实际机场道面接缝工程之中,通过后期的原位观测检测及室内定伸、拉伸试验,检验填缝料在实际服役环境下所能达到的封缝效果及使用性能。

6.2 场 地 概 况

用于进行聚合物水泥复合道面填缝材料现场浇注检测的试验道面段分别选自三个位于不同气候特点地区的机场。其中,机场Ⅰ位于东北某地区,该地区属于中温带大陆性季风气候,各季气候差异显著,特别是冬季漫长而寒冷,日均最低气温可达−20 ℃左右,因而该地区对于所用填缝材料的弹性变形能力,特别是低温柔性具有较高要求;机场Ⅱ位于东南沿海某地区,该地区地处南亚热带季风气候区,年平均降水量1 800 mm左右,年平均气温22 ℃左右,夏季日均最高气温30 ℃以上,具有温暖多雨、光热充足的气候特点,因而该地区对于所用填缝材料的耐高温性能和耐水性能具有较高要求;机场Ⅲ位于青藏高原某地区,该地区地处高原带干旱季风气候区,日照时间长,紫外线辐射强,昼夜温差大,因而对于所用填缝材料的耐老化性能具有较高要求。

上述三处机场所选试验段上的旧填缝料均已出现一定程度破坏,其典型破坏形态如图 6.1 所示。

图 6.1　旧填缝料典型破坏形态

6.3　原材料及配比

现场用于制备聚合物水泥复合道面填缝材料的原材料与室内试验所用原材料相同,包括 VAE 乳液、P·O 42.5 水泥、石英粉、滑石粉、SN－5040 型分散剂、SN－345 型消泡剂、DN－12 型成膜助剂、邻苯二甲酸二辛酯增塑剂、KH－550 型硅烷偶联剂和 SEAL81 型有机硅憎水剂。

用于机场Ⅰ和机场Ⅱ的填缝料配比为第 4.7 节中得到的通用配比 PCS,而考虑到机场Ⅲ所处地区的紫外线辐照作用较强,用于机场Ⅲ的填缝料配比为第 4.7 节中得到的 PCS－E。相应的填缝料配比详见表 4.4。

6.4　施工方法及步骤

聚合物水泥复合道面填缝料的现场浇注施工主要包括以下步骤:

(1)清缝与吹缝。首先采用切缝机沿缝壁剔除接缝内的老旧填缝料(见图 6.2(a)(b)),操作时应注意避免砂轮损坏道面板的边角部位;接着用钢丝扣缝机进一步清理缝底及缝壁残留的填缝料(见图 6.2(c));最后利用高压气枪将缝内的杂物、灰尘清除干净(见图 6.2(d))。清理完成后的接缝应保证缝内清洁干燥,缝壁干净、无污染(见图 6.2(e))。

图 6.2　清缝与吹缝

　　该步骤对于确保填缝料与接缝壁面的黏结性至关重要,是控制填缝料施工质量的关键步骤。

　　(2)背衬材料安装。背衬材料通常选用耐候性好且与填缝材料不相容的弹性材料,其宽度一般约为接缝宽度的 1.25 倍,以使背衬材料能够紧密挤附于接缝槽内。背衬材料的作用一方面是用来调节填缝料的灌注深度,避免填缝料厚度过大;另一方面则是防止填缝料渗漏到接缝底部,形成三面黏结的不利受力状态,导致填缝料过早破坏。在此选用闭孔型聚乙烯泡沫垫条(见图 6.3)为背衬材料,安装时利用卡轮将垫条压入接缝内部,垫条的压入深度要保证填缝料的灌入宽深比在1:1~1:2之间。此外,在背衬材料安装完毕后还需在接缝边缘处粘贴防污带,以防止浇注过程中填缝料溢出对道面板造成污染。

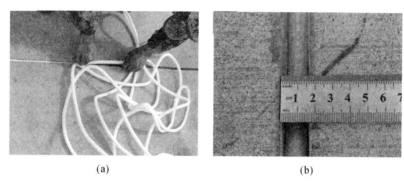

图 6.3 背衬材料安装

(3)填缝料制备。首先按照表4.5中所列配比进行称料,所用份数依据单次施工所需的填缝料总量而定;然后,将干混均匀的粉料倒入液料中并采用电钻搅拌机搅拌 10 min(见图 6.4(a)(b));搅拌完毕后,继续用有机玻璃棒人工搅拌 5 min(见图 6.4(c)),确保新拌填缝料内的气泡得以充分消除。

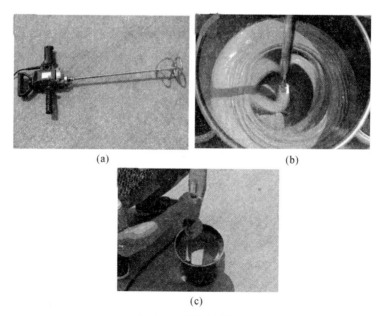

图 6.4 填缝料制备

(4)填缝料浇筑。填缝料浇注采用改装后的电动压力灌浆机(见图 6.5(a)

（b）），浇注时由低往高缓缓灌入，出料速度不宜过快，且要避免来回反复浇注，确保填缝料饱满、密实、无空隙。浇注完成后填缝料表面应保证光滑平整且低于道面板顶面 0～3 mm（见图 6.5（c）（d））。

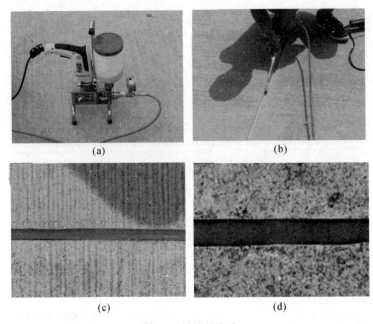

图 6.5　填缝料浇注

（5）填缝料养护。填缝料浇注完毕后揭除防污带，在未成型前应避免交通通行，同时防止灰尘、水以及杂物等侵入。

此外，为便于后期室内试验测试，每一试验段浇注完毕后均同批浇注若干个用于定/拉伸试验的填缝料试件。其中，一半试件置于室内环境，另一半试件置于室外试验段附近，目的在于使试件受到与现场浇注填缝料相同的服役环境作用。

6.5　使用效果检验

填缝料的现场使用性能检验主要分为原位观测检验和室内试验测试两部分。原位观测检验主要是在填缝料浇注完成并服役一段时间后，观察填缝料外观是否出现明显变化，是否出现失黏、脱边、断裂、腐蚀等破坏形式。室内试验测试主要是对同期浇注并置于室外同一环境中的填缝料试件进行拉伸、定伸试验。

图 6.6 所示为浇注完成一年后填缝料的典型观测形态。从原位观测结果可以看出，三处试验段内的聚合物水泥复合道面填缝料均未发生失黏破坏或内聚破坏，填缝料表面平整且无外物嵌入，填缝料与接缝壁面黏结牢固，无开裂缝隙产生。

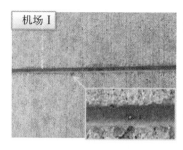
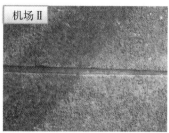

图 6.6　原位观测典型形态(浇注 1 a 后)

　　室内试验测试于浇注完成一年后进行,相应的定伸、拉伸试验结果列于表 6.1(结果取三次重复试验的平均值)。可以看出:①各试件定伸后均未产生破坏,满足定伸黏结性要求;②各试件弹性恢复率均大于 60%,满足弹性变形性能要求;③同室内常温养护条件下的试件相比,置于室外服役环境中的填缝料试件其拉伸强度、峰值应变以及断裂伸长率的变化总体不大,变化幅度均在 10% 以内,且无明显的性能劣化表征,说明所用填缝材料具备良好的耐久、耐候性能。

　　总体而言,本书所制备的聚合物水泥复合道面填缝材料满足对机场道面填缝材料实际使用性能及封缝效果的要求,同时,该种填缝料同目前常用的有机类填缝料相比还具备性价比高、施工简单易行、环保性好、环境适应能力强等诸多优点,是一种极具潜力的新型道面填缝材料。

表 6.1　室内定伸、拉伸试验结果

试验段	养护条件	定伸黏结性	弹性恢复率/(%)	拉伸强度/MPa	峰值应变	断裂伸长率/(%)
机场 I	室内常温养护	无破坏	69.28	0.602	2.366	440.4
机场 I	室外服役工况	无破坏	69.43	0.638	2.231	453.3
机场 II	室内常温养护	无破坏	65.93	0.623	2.081	477.2
机场 II	室外服役工况	无破坏	63.57	0.647	2.467	461.5
机场 III	室内常温养护	无破坏	66.33	0.664	2.130	514.0
机场 III	室外服役工况	无破坏	62.19	0.711	2.224	475.5

6.6 小　　结

本章主要将所制备的聚合物水泥复合道面填缝材料应用于实际机场道面接缝工程之中,通过填缝料现场制备、浇注以及后期原位观测检验和配套的室内定伸、拉伸试验,测试了聚合物水泥复合道面填缝材料在实际道面接缝工程的使用性能。本章主要结论如下:

(1)聚合物水泥复合道面填缝材料的现场浇注施工步骤主要包括清缝、吹缝,背衬材料安装,填缝料制备,填缝料浇注及填缝料养护。

(2)现场原位观测结果表明,本书制备的聚合物水泥复合道面填缝材料在多种服役环境下均未发生失黏破坏或内聚破坏,填缝料表面平整且无外物嵌入,填缝料与接缝壁面黏结牢固,无开裂缝隙产生。

(3)室内试验检测结果表明,同室内常温养护条件下的试件相比,置于室外服役环境中的填缝料试件其定伸黏结性、弹性恢复率均满足要求,其余力学性能指标无明显劣化表现。

(4)总体而言,本书所制备的聚合物水泥复合道面填缝材料具备良好的耐久性和耐候性,满足实际工程中对机场道面填缝材料使用性能及封缝效果的要求。

第7章
本书主要结论及进一步研究内容

7.1 主 要 结 论

本书以聚合物水泥复合道面填缝材料为主要研究对象,以试验研究和理论分析为主要研究手段,围绕聚合物水泥复合道面填缝材料制备以及工作性能、力学特征、耐久性能等展开系统研究,分析不同原料配比参数和环境工况的影响规律及作用机理,得到聚合物水泥复合道面填缝材料的合理配比。在此基础上,进一步针对填缝料的微观形貌、孔隙结构以及微结构生成模型进行研究,并通过现场试验检验了其在实际机场道面接缝工程中的应用效果。本书主要结论如下:

(1)聚合物水泥复合道面填缝材料应选用 VAE 乳液作为有机聚合物组分原料。混掺苯丙乳液、外掺乳胶粉以及掺入硫铝酸盐水泥会使填缝料灌入稠度发生明显改变。填缝料的灌入稠度应低于 25 s,否则其流平性较差,不利于施工成型。

(2)随着粉液比及水泥比例的增大,聚合物水泥复合道面填缝料的强度指标不断增大,变形指标不断减小。混掺滑石粉后,填缝料的强度变形能力得以综合提升。混掺苯丙乳液后,填缝料的强度变形指标总体下降,外掺乳胶粉后,填缝料各强度指标随乳胶粉掺量的增大不断提高,但其掺量过大会对填缝料的变形能力及工作性能造成不利影响。在合理的掺量范围内,外掺增塑剂及偶联剂能够从一定程度上改善填缝料的部分力学性能指标。

(3)在本书的原料配比范围内,粉液比及水泥比例的取值范围分别为 0.35~0.50 和 30%~45%,苯丙乳液混掺量为乳液总质量的 20%~30%,乳胶粉掺量不应大于乳液总质量的 5%,增塑剂掺量为乳液质量的 1%~3%,偶联剂掺量为总粉料质量的 1%。此外,实际应用中不建议采用低标号水泥进行替代使用或掺入快硬硫铝酸盐水泥,否则应采取一定的补强增韧措施;同时,外掺碳纤维后填缝料的弹性变形能力受到一定损失,故不建议在填缝料中掺入纤维增强材料。

(4)不同环境温度下聚合物水泥复合道面填缝材料表现出明显的"低温硬化"效应和"高温软化"效应,外掺增塑剂能够明显改善填缝料的低温柔性。浸水后,填缝料在水的"塑化"作用下变软,外掺有机硅憎水剂是提高填缝料耐水性的有效措施。酸、碱腐蚀处理后,填缝料整体性能并未出现明显的劣化表征,但是经航油浸泡后,填缝料各拉伸性能指标显著劣化。紫外线辐照作用后,填缝料老化变硬,混掺云母粉能够有效提高填缝料的耐油性及耐紫外线老化性。

(5)聚合物水泥复合道面填缝材料通用配比(质量份)如下:VAE 乳液 100 份;P·O 42.5 水泥 16 份;石英粉 14.4 份,滑石粉 9.6 份,分散剂 0.98 份,消泡剂 0.7 份,成膜助剂 6 份,偶联剂 0.4 份,增塑剂 3 份,憎水剂 0.7 份。强腐蚀或强紫外线辐照环境工况下可在上述配比基础上混掺 4.8 份云母粉(总填料质量的 20%)。

(6)聚合物水泥复合道面填缝料内部形成了以聚合物胶膜为连续基相,各无机组分及水泥水化产物作为分散相嵌入包裹于其中的基本微观构型。相应的微结构生成过程可以描述为,无机粉料与聚合物乳液首先混合、分散形成兼具固相、液相及气相的填缝料拌合物,而后随着水泥水化反应、聚合物颗粒成膜以及有机无机组分间物化反应的持续进行,逐渐形成各类无机组分及孔隙分布镶嵌于聚合物基相中的微结构组织形态。

(7)聚合物水泥复合道面填缝料的内部孔隙结构主要以孔径大于 1 000 nm 的大孔为主(基本占总孔隙体积的 60% 以上),孔径小于 10 nm 的凝胶孔体积相对较小(占总孔隙体积的 10% 以下)。此外,填缝料的孔径分布具有明显的分形特征,相应的孔表面积分形维数在 2.6~2.8 之间。孔分维值越大,表明填缝料孔径分布形态的复杂性程度越高,即小孔径孔隙比例增大,大孔径孔隙比例减小,孔隙结构整体细化。

(8)经现场试验检验,本书所制备的聚合物水泥复合道面填缝材料在多种不同气候特点地区的道面接缝工程中均表现出良好的耐久性和耐候性,满足实际工程对机场道面填缝材料使用性能及封缝效果的要求。

7.2　进一步研究内容

本书针对聚合物水泥复合道面填缝材料的制备及性能展开了系统研究,取得了一系列有益的结论,但受试验量及试验条件所限,尚存在以下两方面不足,有待进一步研究:

(1)聚合物水泥复合道面填缝材料在长期受荷作用下会产生蠕变、应力松弛等黏弹性力学行为,同时,不同环境工况下(如温度、应变率等)填缝料的黏弹性特征亦有不同,鉴于实际工况下填缝料因道面板的伸缩变形常处于受力状态,因而填缝料的黏弹性行为对其长期使用耐久性也有一定影响,有必要就此展开进一步研究。

(2)本书在微观层面仅对聚合物水泥复合道面填缝材料的微观形貌及孔隙结构进行了分析研究,下一步还需借助其他微观试验手段,对不同配比、工况下填缝料内各物质成分的变化和有机无机组分间的化学反应机理等做进一步定量分析研究。

参考文献

[1] 王硕太,马国靖,吴永根,等. 机场混凝土道面封缝材料技术指标研究[J]. 工业建筑,2003,33(2):52-55.

[2] 刘晓曦,王朔太,马国靖,等. 机场混凝土道面新型封缝材料技术要求[J]. 空军工程大学学报:自然科学版,2004,5(5):12-14

[3] 许金余,邓子辰. 机场刚性道面动力分析[M]. 西安:西北工业大学出版社,2002.

[4] 许金余,范建设,李为民. 机场水泥混凝土道面表面特性及随机振动分析[M]. 西安:西北工业大学出版社,2009.

[5] 徐峰,刘林军. 聚合物水泥基建材与应用[M]. 北京:中国建筑工业出版社,2010.

[6] 雷俊卿. 行标《水泥混凝土路面嵌缝密封材料》的研究与制定[J]. 交通标准化,2005(11):22-26.

[7] 尚炎锋,段林丽.《混凝土接缝密封嵌缝板》建材行业标准介绍[J]. 中国建筑防水,2014(8):39-43.

[8] Yun T, Lee O, Lee S W, et al. A performance evaluation method of preformed joint sealant:slip-down failure[J]. Construction and Building Materials,2011,25(4):1677-1684.

[9] 王会阳,李承宇,晁兵,等. 我国混凝土路面填缝材料的研究进展[J]. 中国建筑防水,2011(17):31-34.

[10] 郭强,杨玉春,于春,等. 水泥混凝土路面填缝料的选用[J]. 东北公路,2003,26(4):35-36.

[11] 寿崇琦,娄嵩,尚盼. 中部地区水泥路面切割缝的伸缩量测定及填缝材料的选择[J]. 交通科技,2009(2):45-48.

[12] 沙川. 新型填缝料的制备与性能研究[D]. 西安:长安大学,2012.

[13] 丛培良,刘建飞,沙川,等. 聚合物改性沥青填缝料的性能研究[J]. 新型建筑材料,2014(5):72-75.

[14] 于天来,唐涛,吴思刚. 改性沥青伸缩缝结合料与混合料低温性能研究[J]. 中国公路学报,2005,18(2):18-23.

[15] 冯龙. 寒区公路涵洞变形缝填塞材料研制及其性能研究[D]. 西安:长安大学,2014.

[16] Badr A, von - Heuser - Mason P. Field performance of cold - and hot - applied joint sealants [J]. Proceedings of the Institution of Civil Engineers - Construction Materials,2016,169(6):293 - 300.

[17] 王曦林,余剑英,程松波,等. MAH - g - SBS改性沥青灌缝材料的制备与性能[J]. 武汉理工大学学报,2007,29(9):59 - 61.

[18] 谭忆秋,郭猛,曹丽萍,等. 复合改性沥青填缝料的性能优化方法[J]. 公路交通科技,2012,29(1):11 - 17.

[19] 王硕太,刘晓曦,马国靖,等. 机场混凝土道面新型封缝材料[J]. 新型建筑材料,2002(11):26 - 28.

[20] Chew M Y L. Retention of movement capability of polyurethane sealants in the tropics[J]. Construction and Building Materials,2004,18(6):455 - 459.

[21] 吴蓁,郭青. 单组分聚氨酯弹性填缝剂的合成工艺研究[J]. 绿色建筑,2001,17(3):27 - 29.

[22] 邹德荣. 聚氨酯防水嵌缝材料研制中的填料选择[J]. 中国建筑防水,2003(12):19 - 21.

[23] 李敬玮,郝巨涛,韩本正. 弹性聚氨酯填缝止水密封材料的研究[J]. 水利水电技术,2005,36(11):93 - 95.

[24] 寿崇琦,尚盼,宋南京,等. 水泥混凝土公路填缝材料的耐久性研究[J]. 山东交通科技,2007(4):32 - 35.

[25] 寿崇琦,尚盼,宋南京,等. 具有防水功能的水泥混凝土路面填缝料的研制[J]. 中国建筑防水,2008(2):4 - 7.

[26] 郑美军,魏文珑. JSP - I型接缝材料的开发与应用[J]. 中国公路,2012(6):120 - 121.

[27] 许林. 超支化聚合物的合成及其在聚氨酯填缝胶中的应用与研究[D]. 济南:济南大学,2013.

[28] 李冬梅,赵凯. 高速铁路用聚氨酯树脂嵌缝胶的研制[J]. 聚氨酯工业,2014,29(1):28 - 30.

[29] 陈建国,潘云峰,孙桂山,等. 新型双组分聚氨酯填缝胶制备技术及应用[J]. 新型建筑材料,2016,43(8):128 - 131.

[30] 杨静,李永德. 填料对双组分聚氨酯防水密封材料性能的影响[J]. 工业建筑,2000,30(3):47 - 50.

[31] 毛宇. 水泥混凝土路面聚氨酯弹性嵌缝料开发及性能研究[D]. 西安:长安

大学, 2003.

[32] 孙金梅, 段文锋, 王小雪. 双组分聚氨酯道桥密封膏的研制[J]. 聚氨酯工业, 2011, 26(5):27 - 30.

[33] Chen M, Mi Y, Wu S, et al. Research on durability of self - leveling silicone rubber as aqueduct joint sealant[J]. Proceedings of SPIE, 2009, 7522:75223P - 1 - 75223P - 7.

[34] Liu J S, Li D L, Yu J, et al. Study on durability of silicone rubber sealant for pavement joint[J]. Advanced Materials Research, 2012, 496:30 - 33.

[35] 王雯霏. 表面可修饰的有机硅密封材料的制备与研究[D]. 杭州:浙江大学, 2005.

[36] 邱泽皓, 袁素兰, 王有治, 等. 道路接缝用水分散性 RTV - 1 有机硅密封胶的制备[J]. 有机硅材料, 2007, 21(6):329 - 331.

[37] 余澎. 低模量硅酮胶对混凝土路面接缝密封的研究[J]. 商业文化:学术版, 2009(8):317 - 318.

[38] 刘杰胜, 吴少鹏, 李东来, 等. 增黏剂对道路嵌缝硅橡胶密封材料性能影响研究[J]. 新型建筑材料, 2012, 39(3):70 - 72.

[39] 徐古月, 陆纪平, 阚新宇. 一种脱醇型低模量高伸长率的有机硅密封胶及其制备方法:中国, CN103436216A [P]. 2013 - 12 - 11.

[40] Helmut L, Klaus H, Klauck Wolfgang D R, et al. Polyacrylate joint sealant composition:DE, 19850214[P]. 1999 - 05 - 12.

[41] Loth H, Helpenstein K, Klauck W, et al. Polyacrylate joint sealants: US, 6828382[P]. 2004 - 12 - 07.

[42] Li G, Xu T. Thermomechanical characterization of shape memory polymer - based self - healing syntactic foam sealant for expansion joints [J]. Journal of Transportation Engineering, 2011, 137(11):805 - 814.

[43] Sahin F, Demirci S, Ustaoglu Z. Boron added antimicrobial joint sealant: WO, 2014/196940 A2[P]. 2014 - 12 - 11.

[44] 杨学广, 于春, 黄哲, 等. GLP 型单组分异氰酸酯路用嵌缝胶的应用研究[J]. 公路, 2004(1):102 - 105.

[45] 寿崇琦, 刑希学, 康杰芬, 等. 机场跑道填缝胶的研究[J]. 交通科技, 2005(2):107 - 109.

[46] 王硕太, 付亚伟, 于洪江, 等. 新型聚硫氨酯密封胶的性能与应用[J]. 建筑材料学报, 2010, 13(5):650 - 653.

[47] 付亚伟, 王硕太, 蔡良才, 等. 改性聚硫氨酯密封材料的制备及性能[J]. 高分子材料科学与工程, 2011, 27(7):136 - 139.

[48] Al - Qadi I L, Abo - Qudais S A. Joint width and freeze / thaw effects on joint sealant performance[J]. Journal of Transportation Engineering, 1995, 121(3):262 - 266.

[49] Khuri R E. Performance - based evaluation of joint sealants for concrete pavements [D]. Virginia: Virginia Polytechnic Institute and State University, 1998.

[50] Gurjar A, Kim H, Moody E, et al. Laboratory investigation of factors affecting bond strength in joint sealants[J]. Transportation Research Record Journal of the Transportation Research Board, 1998, 1627(1): 13 - 21.

[51] Chew M Y L. The effects of some chemical components of polyurethane sealants on their resistance against hot water [J]. Building and environment, 2003, 38(12):1381 - 1384.

[52] Park T S, Lee K S, Lee S H. Comparison of performance & jet fuel oil resistance of joint sealant materials for airside[J]. Journal of the Korean Society of Civil Engineers, 2006, 26(4D):587 - 592.

[53] Ding S H. Durability evaluation of building sealants by accelerated weathering and thermal analysis[J]. Construction and Building Materials, 2006, 20(10):878 - 881.

[54] Ding S H, Liu D Z, Duan L L. Accelerated aging and aging mechanism of acrylic sealant[J]. Polymer Degradation & Stability, 2006, 91(5):1010 - 1016.

[55] White C C, Hunston D L, Williams R S. Studies on the effect of movement during the cure on the mechanical properties of a silicone building joint sealant[J]. Polymer Engineering & Science, 2010, 50(1): 113 - 119.

[56] Dong E, Liu J, Wu S. Study in the joint sealants of the concrete pavements[C]// 2011 International Conference on Remote Sensing, Environment and Transportation Engineering. Nanjing: IEEE, June 24 - 26, 2011:3489 - 3492.

[57] White C C, Hunston D L, Tan K T, et al. A systematic approach to the study of accelerated weathering of building joint sealants[J]. Journal of ASTM International, 2012, 9(5):1 - 17.

[58] 刘晓曦, 王硕太, 孔大庆, 等. 机场混凝土道面新型封缝材料应用研究 [J]. 空军工程大学学报:自然科学版, 2003, 4(4):31 - 33.

[59] 刘晓曦，王旭，刘国忠，等. 机场混凝土道面封缝材料弹性恢复特性试验研究[J]. 新型建筑材料，2008(2):74－77.

[60] 陈国明，谭忆秋，冯中良，等. 常温施工式填缝料低温性能评价体系的研究[J]. 公路，2004(1):119－122.

[61] 刘晓曦，王硕太. 机场混凝土道面封缝材料疲劳特性[J]. 交通运输工程学报，2006,6(1):44－47.

[62] 寿崇琦，尚盼，宋南京，等. 水泥混凝土路面切割缝的界面状态对填缝料性能的影响[J]. 公路工程，2007,32(6):188－190.

[63] 寿崇琦，尚盼，康杰分，等. 水泥混凝土路面填缝材料的抗疲劳老化性能研究[J]. 公路，2007(6):172－174.

[64] 孙坤君. 新型防渗接缝材料性能研究[D]. 西安:西北农林科技大学，2007.

[65] 刘晓曦，王旭，刘国忠，等. 机场混凝土道面封缝材料固化特性试验研究[J]. 材料导报，2008(S1):391－393.

[66] 蔡文. 寒区公路涵洞变形缝防水材料试验研究[D]. 西安:长安大学，2012.

[67] 李化建，易忠来，温浩，等. 混凝土接缝用硅酮嵌缝密封材料研究进展[J]. 混凝土，2015(3):156－160.

[68] 刘波，霍威，屈裴，等. 我国混凝土路面接缝用硅酮密封胶研究应用进展[J]. 中国建筑防水，2015(17):1－8.

[69] Biel T D, Lee H. Performance study of portland cement concrete pavement joint sealants[J]. Journal of Transportation Engineering, 1997, 123(5):398－404.

[70] Rogers A D, Lee－Sullivan P, Bremner T W. Selecting concrete pavement joint sealants. II:case study[J]. Journal of Materials in Civil Engineering, 1999, 11(4):309－316.

[71] Eacker M J, Bennett A R. Evaluation of various concrete pavement joint sealants[R]. Lansing:Michigan Department of Transportation, 2000.

[72] Lee S W. Effects of excessive pavement joint opening and freezing[J]. Journal of Transportation Engineering, 2014, 129(4):444－450.

[73] Ioannides A, Long A, Minkarah I. Joint sealant and structural performance at the Ohio route 50 test pavement[J]. Transportation Research Record Journal of the Transportation Research Board, 2004, 1866(1):28－35.

[74] Odum－Ewuakye B, Attoh－Okine N. Sealing system selection for

jointed concrete pavements— a review[J]. Construction & Building Materials, 2006, 20(8):591-602.

[75] McGraw J W, McGough M, Johnson E N. AASHTO-NTPEP Joint Sealant Field Evaluation Procedure[C]//Transportation Research Board 86th Annual Meeting. Washington, D. C.: Transportation Research Board, 2007.

[76] Mirza J, Bhutta M A R, Tahir M M. In situ performance of field-moulded joint sealants in dams[J]. Construction & Building Materials, 2013, 41(41):889-896.

[77] Neshvadian Bakhsh K. Performance based mechanistic-empirical approach to assess joint sealant effectiveness on sustainability of concrete pavement infrastructure[D]. Texas:Texas A & M University, 2014.

[78] 王硕太,刘晓曦,吴永根,等. 机场混凝土道面新型封缝材料灌缝宽度与深度研究[J]. 新型建筑材料,2004(12):25-27.

[79] 陈克鸿,马尉倘,尹冉. 路面接缝嵌缝料的形状参数确定[J]. 建设机械技术与管理,2006,19(6):75-78.

[80] 刘晓曦,王硕太. 机场混凝土道面新型封缝材料应用现状分析[J]. 公路交通科技,2006,23(9):36-39.

[81] 蔺艳琴,刘嘉,潘广萍. 机场跑道接缝密封材料及密封工艺设计[J]. 粘接,2008,29(3):46-49.

[82] 寿崇琦,尚盼,娄嵩. 水泥混凝土路面复合型填缝材料的研究[J]. 中外公路,2009,29(6):224-227.

[83] 李晶晶. 温度作用下水泥混凝土路面接缝变化研究[D]. 西安:长安大学,2010.

[84] 马正军,英红,付琴,等. 基于数字图像的水泥混凝土路面嵌缝料损坏识别[J]. 建筑材料学报,2013,(2):349-353.

[85] 魏浩辉. 公路水泥混凝土路面填缝料施工关键技术[J]. 交通世界,2015(7):132-133.

[86] 李海川,许金余,邵式亮,等. 道康宁硅酮密封胶在机场混凝土道面灌缝中的应用[J]. 新型建筑材料,2006(4):60-62.

[87] 张相杰,张劲超. 道路硅酮密封胶在高速公路水泥混凝土路面中的应用[J]. 广东公路交通,2007(1):6-7.

[88] 朱应和,曾容,张冠琦. 道路用硅酮密封胶及其工程应用[J]. 中国建筑防水,2009(1):11-15.

[89] 陈贺新,沈勇. PVC填缝材料在砼路面养护工程中的应用[J]. 交通标准

化，2010(7):94 - 98.

[90] 邢素芳，文永昌. 硅酮改性聚氨脂填缝料在白霍一级公路的应用[J]. 内蒙古公路与运输，2012(6):47 - 49.

[91] Herabat P，Kerdput N. Analysis of damage mechanism of reinforced concrete pavement joint sealant[J]. Transportation Research Record: Journal of the Transportation Research Board，2006,1958:90 - 99.

[92] 刘焱，王建国，瞿荣辉，等. 水泥混凝土路面接缝嵌缝料的应力分析[J]. 公路，2005(4):95 - 98.

[93] 谈至明，孙明伟，李立寒. 水泥混凝土路面接缝嵌缝料的性能[J]. 交通运输工程学报，2006，6(3):27 - 31.

[94] 王志军. 水泥混凝土路面接缝填缝料的受力状态分析[D]. 福州:福州大学，2010.

[95] 孙艳娜，李立寒，耿韩，等. 水泥混凝土路面嵌缝料复数剪切模量测试条件[J]. 中国公路学报，2010(2):12 - 17.

[96] 周玉民，谈至明，李立寒. 混凝土路面接缝填缝料振动特性分析[J]. 同济大学学报:自然科学版，2012，40(4):564 - 568.

[97] 李岚. 新型水泥混凝土路面嵌绑材料的研究[D]. 广州:华南理工大学，2012.

[98] 王冬亚. 移动荷载作用下水泥混凝土路面接缝性能有限元分析[D]. 昆明:昆明理工大学，2013.

[99] Al - Qadi I，Abo - Qudais S，Khuri R. Method to evaluate rigid - pavement joint sealant under cyclic shear and constant horizontal deflections [J]. Transportation Research Record: Journal of the Transportation Research Board，1999,1680:30 - 35.

[100] Soliman H，Shalaby A，Kavanagh L. Performance evaluation of joint and crack sealants in cold climates using DSR and BBR tests[J]. Journal of Materials in Civil Engineering，2008，20(7):470 - 477.

[101] White C C，Hunston D L，Tan K T，et al. A test method for monitoring modulus changes during durability tests on building joint sealants[J]. Journal of ASTM International，2011,9(9):1 - 8.

[102] Li Q，Crowley R W，Bloomquist D B，et al. The creep testing apparatus (CRETA):a new testing device for measuring the viscoelasticity of joint sealant[J]. Journal of Testing & Evaluation，2012，40(3):387 - 394.

[103] White C C，Hunston D L，Tan K T，et al. An accelerated exposure and testing apparatus for building joint sealants[J]. Review of Scientific

Instruments，2013，84(9):93－142.

[104] Li Q，Crowley，Raphael W，Bloomquist D，et al. Newly developed adhesive strength test for measuring the strength of sealant between joints of concrete pavement［J］. Journal of Materials in Civil Engineering，2014，26(12):1－8.

[105] 王进勇，龙丽琴，王宝松. 水泥混凝土路面填缝料封水试验方法研究[J]. 公路交通技术，2012(5):8－14.

[106] 王宝松，王进勇，龙丽琴. 水泥混凝土路面填缝料疲劳试验方法研究[J]. 公路交通技术，2012(3):1－5.

[107] 孟旭，汪德才，杨波. 道路灌缝胶流动值测试装置[J]. 筑路机械与施工机械化，2014，31(2):68－70.

[108] 袁捷，刘文博. 民用机场水泥混凝土道面接缝嵌缝材料性能指标分析[J]. 公路交通科技，2016，33(9):7－13.

[109] Afridi M U K，Ohama Y，Iqbal M Z，et al. Water retention and adhesion of powdered and aqueous polymer－modified mortars［J］. Cement & Concrete Composites，1995，17(2):113－118.

[110] Ohama Y. Recent progress in concrete－polymer composites［J］. Advanced Cement Based Materials，1997，5(2):31－40.

[111] Ma H，Li Z. Microstructures and mechanical properties of polymer modified mortars under distinct mechanisms［J］. Construction & Building Materials，2013，47(10):579－587.

[112] Ohama Y. Polymer－based Admixtures［J］. Cement & Concrete Composites，1998，20(2):189－212.

[113] Mirza J，Mirza M S，Lapointe R. Laboratory and field performance of polymer－modified cement－based repair mortars in cold climates[J]. Construction & Building Materials，2002，16(6):365－374.

[114] Zhong S，Chen Z. Properties of latex blends and its modified cement mortars[J]. Cement & Concrete Research，2002，32(10):1515－1524.

[115] Al－Zahrani M M，Maslehuddin M，Al－Dulaijan S U，et al. Mechanical properties and durability characteristics of polymer－and cement－based repair materials[J]. Cement & Concrete Composites，2003，25(4):527－537.

[116] Pascal S，Alliche A，Pilvin P. Mechanical behaviour of polymer modified mortars[J]. Materials Science & Engineering A，2004，380(1－2):1－8.

[117] Almeida A E F D S, Sichieri E P. Experimental study on polymer – modified mortars with silica fume applied to fix porcelain tile[J]. Building & Environment, 2007, 42(7):2645 – 2650.

[118] Ribeiro M S S, Gonçalves A F, Branco F A B. Styrene – butadiene polymer action on compressive and tensile strengths of cement mortars [J]. Materials & Structures, 2008, 41(7):1263 – 1273.

[119] Maranhāo F L, John V M. Bond strength and transversal deformation aging on cement – polymer adhesive mortar[J]. Construction & Building Materials, 2009, 23(2):1022 – 1027.

[120] Geetha A, Perumal P. Effect of waterproofing admixtures on the flexural strength and corrosion resistance of concrete[J]. Journal of the Institution of Engineers, 2012, 93(1):73 – 78.

[121] Lho B C, Joo M K, Choi K H, et al. Effects of polymer – binder ratio and slag content on strength properties of autoclaved polymer – modified concrete[J]. KSCE Journal of Civil Engineering, 2012, 16(5):803 – 808.

[122] Ukrainczyk N, Rogina A. Styrene – butadiene latex modified calcium aluminate cement mortar[J]. Cement & Concrete Composites, 2013, 41 (8):16 – 23.

[123] Kong X M, Wu C C, Zhang Y R, et al. Polymer – modified mortar with a gradient polymer distribution: preparation, permeability, and mechanical behaviour[J]. Construction & Building Materials, 2013, 38 (1):195 – 203.

[124] Muthadhi A, Kothandaraman S. Experimental investigations on polymer – modified concrete subjected to elevated temperatures [J]. Materials and Structures, 2014, 47(6):977 – 986.

[125] Soufi A, Mahieux P Y, Aït – Mokhtar A, et al. Influence of polymer proportion on transfer properties of repair mortars having equivalent water porosity[J]. Materials & Structures, 2015, 49(1 – 2):383 – 398.

[126] Senff L, Modolo R C E, Ascensão G, et al. Development of mortars containing superabsorbent polymer [J]. Construction & Building Materials, 2015, 95:575 – 584.

[127] 宋俊美,谈慕华. 聚合物裹砂改性水泥砂浆的性能研究[J]. 建筑材料学报,1999(4):308 – 313.

[128] 钟世云,陈志源,刘雪莲. 三种乳液改性水泥砂浆性能的研究[J]. 混凝

土与水泥制品，2000 (1):18-20.

[129] 李祝龙，梁乃兴. 聚合物水泥混凝土断裂的分形特征[J]. 西安公路交通大学学报，2000，20(1):20-22.

[130] 方萍. 丙苯乳液改性聚合物水泥力学性能和内部结构研究[J]. 混凝土，2001(3):46-48.

[131] 夏振军，罗立峰. 养护条件对改性水泥砂浆力学性能的影响[J]. 华南理工大学学报:自然科学版，2001，29(6):83-86.

[132] 钟世云，谈慕华，陈志源. 苯丙乳液改性水泥砂浆的抗氯离子渗透性[J]. 建筑材料学报，2002，5(4):393-398.

[133] 刘琳，王国建，刘启志. 硅丙乳液对水泥砂浆性能的影响[J]. 建筑材料学报，2004，7(1):117-121.

[134] 钟世云，刘应刁，王培铭. 聚合物改性特种水泥灌浆料的性能[J]. 建筑材料学报，2004，7(1):102-108.

[135] 李祝龙，吴德平，张亚洲. 公路工程聚合物水泥基材料的耐久性能[J]. 交通运输工程学报，2005，5(4):32-36.

[136] 杨正宏，尹义林，曲生华，等. 道路用聚合物改性水泥砂浆修补材料的研制[J]. 新型建筑材料，2006(2):1-4.

[137] 黄月文，刘伟区. 功能性苯丙乳液改性水泥基材料的研究[J]. 化学与粘合，2006，28(5):320-323.

[138] 任秀全. 聚合物改性水泥基复合材料及其在建筑中的应用[D]. 天津:天津大学，2007.

[139] 熊剑平，申爱琴. 聚合物水泥混凝土施工控制因素[J]. 交通运输工程学报，2008，8(1):42-46.

[140] 梅迎军，王培铭，李志勇，等. SBR乳液改性砂浆与水泥基体界面黏结性能[J]. 西安建筑科技大学学报:自然科学版，2009，41(3):404-408.

[141] 徐洪涛. 聚合物改性水泥砂浆性能研究[D]. 郑州:郑州大学，2009.

[142] 钟世云，李晋梅，张聪聪. 减水剂及加料顺序对乳液改性砂浆性能的影响[J]. 建筑材料学报，2010，13(5):568-572.

[143] 申爱琴，郭寅川，马林，等. 聚合物胶乳超细水泥灌缝材料的微观结构[J]. 长安大学学报:自然科学版，2010(1):16-22.

[144] 史邓明. 高强聚合物改性水泥砂浆的性能与应用[D]. 武汉:武汉理工大学，2011.

[145] 李梦怡. 聚合物改性水泥砂浆研究[D]. 西安:长安大学，2011.

[146] 徐晓雷. 设置调平层的聚合物改性水泥混凝土路面层间黏结试验研究及计算分析[D]. 重庆:重庆交通大学，2012.

[147] 农金龙. 聚合物改性水泥基黏结复合材料的黏结性能研究[D]. 长沙:湖南大学,2014.

[148] 柳嘉伟. 聚合物改性水泥基半刚性防锈涂料的研究[D]. 镇江:江苏大学,2016.

[149] 张二芹,黄志强,吕晨曦,等. 聚合物改性混凝土抗碳化性能试验研究[J]. 混凝土,2016(8):19-22.

[150] Sakai E, Sugita J. Composite mechanism of polymer modified cement[J]. Cement & Concrete Research, 1995, 25(1):127-135.

[151] Schulze J. Influence of water-cement ratio and cement content on the properties of polymer-modified mortars[J]. Cement & Concrete Research, 1999, 29(6):909-915.

[152] Schulze J, Killermann O. Long-term performance of redispersible powders in mortars[J]. Cement & Concrete Research, 2001, 31(3):357-362.

[153] Jenni A, Holzer L, Zurbriggen R, et al. Influence of polymers on microstructure and adhesive strength of cementitious tile adhesive mortars[J]. Cement & Concrete Research, 2005, 35(1):35-50.

[154] Medeiros M H F, Helene P, Selmo S. Influence of EVA and acrylate polymers on some mechanical properties of cementitious repair mortars[J]. Construction & Building Materials, 2009, 23(7):2527-2533.

[155] Park D, Park S, Seo Y, et al. Water absorption and constraint stress analysis of polymer-modified cement mortar used as a patch repair material[J]. Construction & Building Materials, 2011, 28(1):819-830.

[156] 肖力光,周建成. 可再分散乳胶粉对建筑砂浆性能的影响[J]. 吉林建筑工程学院学报,2002,19(4):19-24.

[157] 赵勇,荀武举,孟祥辉,等. 含有机硅改性聚合物的水泥腻子[J]. 有机硅材料,2003,17(3):17-19.

[158] 孙继成. 高性能聚合物改性水泥基胶结材料的研究[D]. 武汉:华中科技大学,2004.

[159] 王培铭,张国防,张永明. 聚合物干粉对水泥砂浆力学性能的影响[J]. 新型建筑材料,2005(1):32-36.

[160] 袁国卿. 可再分散乳胶粉对水泥砂浆性能的影响[D]. 郑州:郑州大学,2010.

[161] 彭家惠,毛靖波,张建新,等. 可再分散乳胶粉对水泥砂浆的改性作用

[J]. 硅酸盐通报，2011，30(4):915 - 919.

[162] 胡玲霞，赵潇武，杨飞勇. 憎水型水泥基填缝剂的配方研究[J]. 化工新型材料，2012，40(9):141 - 142.

[163] 赵丽杰. 聚合物砂浆柔韧性的表征方法与提高途径研究[D]. 北京:北京建筑工程学院，2012.

[164] 王培铭，陈彩云，张国防. 0～20 ℃养护对聚合物水泥砂浆拉伸黏结强度的影响[J]. 建筑材料学报，2014，17(3):446 - 449.

[165] 南雪丽，邵楷模. 聚灰比对聚合物快硬水泥砂浆耐久性的影响[J]. 硅酸盐通报，2016，35(5):1627 - 1636.

[166] Hasegawa M, Kobayashi T, Pushpalal G K D. A new class of high strength, water and heat resistant polymer - cement composite solidified by an essentially anhydrous phenol resin precursor [J]. Cement & Concrete Research, 1995, 25(6):1191 - 1198.

[167] Saccani A, Magnaghi V. Durability of epoxy resin - based materials for the repair of damaged cementitious composites[J]. Cement & Concrete Research, 1999, 29(1):95 - 98.

[168] Bhutta M A R. Effects of polymer - cement ratio and accelerated curing on flexural behavior of hardener - free epoxy - modified mortar panels [J]. Materials and Structures, 2010, 43(3):429 - 439.

[169] Ariffin N F, Hussin M W, Sam A R M, et al. Strength properties and molecular composition of epoxy - modified mortars[J]. Construction & Building Materials, 2015, 94:315 - 322.

[170] 王涛，许仲梓. 聚合物改性水泥砂浆性能的影响因素[J]. 混凝土与水泥制品，1996(5):23 - 26.

[171] 王歌. 聚合物水泥复合材料的研制及应用研究[D]. 长沙:长沙理工大学，2012.

[172] 刘宇. 水性环氧基聚合物混凝土的制备及性能[D]. 广州:华南理工大学，2012.

[173] 胡敢峰. 环氧树脂乳液改性水泥砂浆的性能研究[J]. 城市道桥与防洪，2016(6):296 - 297.

[174] 沈春林. 聚合物水泥防水涂料[M]. 北京:化学工业出版社，2010.

[175] Yu J G, Xia D, Zhu L, et al. Flexible polymer modified cement - based waterproofing materials and their making process:US, 6455615 B2[P]. 2002 - 09 - 24.

[176] Do J, Soh Y. Performance of polymer - modified self - leveling mortars

with high polymer-cement ratio for floor finishing [J]. Cement & Concrete Research, 2003, 33(10):1497 - 1505.

[177] Tsukagoshi M, Kokami Y, Tanaka K. Influence of curing condition on film formation of polymer - cement waterproofing membrane[J]. Journal of Structural and Construction Engineering, 2010, 75(652):1057 - 1064.

[178] Xiao Y P, Fei Y W, Zhao Y L. Research on the relationship between microstructure and properties of polymer-modified cement compounds for waterproofing membranes [J]. Applied Mechanics & Materials, 2012, 148 - 149(22): 216 - 220.

[179] Diamanti M V, Brenna A, Bolzoni F, et al. Effect of polymer modified cementitious coatings on water and chloride permeability in concrete[J]. Construction & Building Materials, 2013, 49(6):720 - 728.

[180] Xue X, Yang J, Zhang W, et al. The study of an energy efficient cool white roof coating based on styrene acrylate copolymer and cement for waterproofing purpose Part Ⅱ: mechanical and water impermeability properties[J]. Construction & Building Materials, 2015, 96:666 - 672.

[181] 董峰亮, 李栋梁. 聚合物改性水泥基复合防水涂料的性能[J]. 新型建筑材料, 2001(5):31 - 33.

[182] 李应权, 徐永模, 韩立林. 低聚灰比高弹性聚合物水泥防水涂料的研究[J]. 新型建筑材料, 2002(9):47 - 50.

[183] 张智强, 董松. 聚合物水泥基复合防水涂料各组分对其性能的影响[J]. 新型建筑材料, 2002(11):21 - 25.

[184] 董松. 聚合物水泥基防水涂料的制备及涂膜性能、显微结构的研究[D]. 重庆:重庆大学, 2002.

[185] 董峰亮, 葛树高, 杨荣俊, 等. 聚灰比对聚合物水泥防水涂料性能的影响[J]. 云南大学学报:自然科学版, 2002, 24(A):129 - 132.

[186] 张松. 聚合物水泥防水涂料拉伸强度测量的不确定度分析[J]. 深圳土木与建筑, 2004, 1(4):57 - 59.

[187] 张金安. 低温柔性优良的聚合物水泥防水涂料的研制[J]. 新型建筑材料, 2004(2):37 - 39.

[188] 周虎. 高性能聚合物水泥基防水涂料的研究[D]. 武汉:武汉理工大学, 2004.

[189] 郑高锋. 聚合物水泥防水涂料的研制[D]. 西安:西北工业大学, 2006.

[190] 赵守佳, 熊卫. JS 防水涂料体系中消泡剂的选择[J]. 中国建筑防水, 2007(9):4 - 7.

[191] 刘成楼. 提高 JS 防水涂料涂膜耐水性的研究[J]. 新型建筑材料, 2007, 34(9):10-13.

[192] 周莉颖. 单组分聚合物水泥防水涂料的性能研究[D]. 北京:北京化工大学, 2008.

[193] 黄金荣. 聚合物水泥防水涂料的制备及其性能研究[J]. 中国建筑防水, 2008(3):15-18.

[194] 邓德安, 吴琼燕. JS 防水涂料配方参数变化对涂膜性能的影响[J]. 新型建筑材料, 2008(2):71-73.

[195] 李俊, 张澜夕, 赵晓莺. 刮涂次数对聚合物水泥防水涂料性能测试结果的影响[J]. 中国建筑防水, 2011(10):5-7.

[196] 贾非, 孙冰. 聚合物水泥防水涂料拉伸性能检测影响因素研究[J]. 南华大学学报:自然科学版, 2011, 25(2):106-110.

[197] 周子夏, 华卫东, 王慧萍. 成型方式对聚合物水泥防水涂料物理力学性能的影响[J]. 中国建筑防水, 2011(17):10-11.

[198] 秦景燕, 王传辉, 贺行洋, 等. 聚合物水泥防水涂料的应用误区分析[J]. 新型建筑材料, 2011(4):50-52.

[199] 李建虹, 赵晓莺, 于秋菊. 搅拌设备对聚合物水泥防水涂料性能测试结果的影响[J]. 中国建筑防水, 2011(13):7-11.

[200] 曲慧, 赵营, 于秋菊. 消泡方法对聚合物水泥防水涂料性能测试的影响[J]. 中国建筑防水, 2011(4):20-22.

[201] 翟亚南, 杨丽娟, 张晓萍. 高柔性丙烯酸胶粉在聚合物水泥防水涂料中的应用[J]. 中国建筑防水, 2012(9):1-3.

[202] 吴蓁, 方颖, 余金妹. 水泥基聚合物防水涂料的自愈合研究[J]. 新型建筑材料, 2012, 39(11):32-35.

[203] 彭国冬, 孔繁晟. 公路桥面高性能防水材料研究[J]. 公路, 2013, 58(12):194-196.

[204] 刘晓东, 张冬冬, 孙剑. 填料对聚合物水泥防水涂料力学性能的影响[J]. 中国建筑防水, 2014(21):27-29.

[205] 李成吾, 杜晓宁, 刘艳辉. 聚合物水泥防水涂料的制备及其拉伸性能[J]. 新型建筑材料, 2015, 42(1):72-73.

[206] 林凯, 林良, 徐云飞. 不同乳液种类和用量对三类聚合物水泥防水材料柔韧性影响的研究[J]. 中国建筑防水, 2014(20):23-25.

[207] 杨洪涛, 张军, 王恒煜, 等. 增稠方法对聚合物水泥防水涂料拉伸性能的影响[J]. 中国建筑防水, 2015(16):4-7.

[208] 张冬冬, 刘晓东, 孙剑. 消泡剂对 JS 防水涂料拉伸性能的影响[J]. 中国

建筑防水，2015(4):10-12.

[209] 林杰生. 纤维增强型聚合物水泥防水浆料的制备与性能[D]. 广州:华南理工大学，2015.

[210] 成功. 改性醋丙聚合物水泥防水涂料的合成与应用研究[D]. 武汉:湖北工业大学，2016.

[211] 田翠，赵守佳，杨福成，等. 无尘聚合物水泥防水涂料的研制[J]. 新型建筑材料，2016,43(7):56-59.

[212] Su Z, Sujata K, Bijen J M J M, et al. The evolution of the microstructure in styrene acrylate polymer－modified cement pastes at the early stage of cement hydration[J]. Advanced Cement Based Materials, 1996, 3(3-4):87-93.

[213] Ollitrault-Fichet R, Gauthier C, Clamen G, et al. Microstructural aspects in a polymer－modified cement[J]. Cement & Concrete Research, 1998, 28(12):1687-1693.

[214] Beeldens A, Monteny J, Vincke E, et al. Resistance to biogenic sulphuric acid corrosion of polymer－modified mortars[J]. Cement & Concrete Composites, 2001, 23(1):47-56.

[215] Afridi M U K, Ohama Y, Demura K, et al. Development of polymer films by the coalescence of polymer particles in powdered and aqueous polymer－modified mortars[J]. Cement & Concrete Research, 2003, 33(11):1715-1721.

[216] Rozenbaum O, Pellenq J M, Damme H V. An experimental and mesoscopic lattice simulation study of styrene－butadiene latex－cement composites properties[J]. Materials & Structures, 2005, 38(4):467-478.

[217] Wang M, Wang R, Zheng S, et al. Research on the chemical mechanism in the polyacrylate latex modified cement system[J]. Cement & Concrete Research, 2015, 76:62-69.

[218] 徐峰. 聚合物水泥防水涂料应用中几个问题的研究[J]. 新型建筑材料，2009,36(5):76-78.

[219] 许绮，王培铭. 桥面用丁苯乳液改性水泥砂浆物理性能的研究[J]. 建筑材料学报，2001,4(2):143-147.

[220] 赵文俞，官建国. 一种水泥混凝土用聚合物共混物的微观形态及其变化机理研究[J]. 高分子材料科学与工程，2001,17(2):167-169.

[221] 钟世云，谈慕华，迟克剑，等. 氯偏共聚物在水泥浆中的降解与稳定[J].

建筑材料学报，2001，4(4):322-326.

[222] 余剑英，周虎，魏连启，等. 聚合物水泥防水涂膜的微观结构与性能关系研究[J]. 中国建筑防水，2003，(12):16-18.

[223] 钟世云，王培铭. 聚合物改性砂浆和混凝土的微观形貌[J]. 建筑材料学报，2004，7(2):168-173.

[224] 乔渊，李运北，李春亮. 可再分散聚合物乳胶粉对水泥砂浆微结构性能作用的研究[J]. 新型建筑材料，2006(7):4-8.

[225] Zurbriggen R，Jenni A，Herwegh M，等. 可再分散聚合物粉末改性瓷砖胶微的结构及其与宏观性能的联系[J]. 新型建筑材料，2007，34(7):11-13.

[226] 董松，张智强. 聚合物水泥基复合防水涂膜的显微结构研究[J]. 绿色建筑，2008，24(4):35-38.

[227] 张金喜，金珊珊，张江，等. 聚合物乳液改性水泥砂浆基本性能研究[J]. 北京工业大学学报，2009，35(8):1062-1068.

[228] 郭寅川，申爱琴，马林，等. 聚合物胶乳超细水泥灌缝材料的微观结构[J]. 长安大学学报:自然科学版，2010(1):16-22.

[229] 肖军. 矿物材料/化学建材体系微观组构与性能研究[D]. 成都:成都理工大学，2012.

[230] 李真，水亮亮，刘瑾. 不同类型水性聚合物水泥净浆的制备与性能研究[J]. 混凝土与水泥制品，2012(7):17-21.

[231] 王培铭，彭宇，刘贤萍. 聚合物改性水泥水化程度测定方法比较[J]. 硅酸盐学报，2013(8):1116-1123.

[232] 任保营，崔鑫. 聚合物乳液对水泥砂浆力学性能及微观结构的影响[J]. 商品混凝土，2013(6):31-37.

[233] 钟世云，李晋梅，韩冬冬，等. 聚合物乳液在水泥颗粒表面吸附的影响因素——乳液类型及聚灰比[J]. 建筑材料学报，2013，16(5):739-743.

[234] 张洪波，王冲，李东林，等. 苯丙乳液改性高强水泥基材料性能及机理[J]. 硅酸盐通报，2014(1):164-169.

[235] 蹇守卫，陈露，马保国，等. 聚合物水泥防水涂料的拉伸性能及机理研究[J]. 新型建筑材料，2015，42(7):62-66.

[236] 毛志毅，刘彤，王冬梅，等. 水泥砂浆中聚合物含量的测定方法比较研究[J]. 现代测量与实验室管理，2016(1):4-6.

[237] Ohama Y. Principle of latex modification and some typical properties of latex-modified mortars and concretes. [J]. ACI Materials Journal, 1987, 84(6):511-518.

[238] Konietzko A. Polymerspezifische auswirkungen auf dastragverhalten modifizierter zementgebundener betone（PCC）[D]. Braunschweig: Technische Universitat Braunschweig, 1988.

[239] 王茹，王培铭. 聚合物改性水泥基材料性能和机理研究进展[J]. 材料导报，2007，21(1)：93-96.

[240] 王培名，赵国荣，张国防. 聚合物水泥混凝土的微观结构的研究进展[J]. 硅酸盐学报，2014，42(5)：653-660.

[241] Su Z. Microstructure of polymer cement concrete[D]. Delft: Technische Universiteit Delft，1995.

[242] Merlin F，Guitouni H，Mouhoubi H，et al. Adsorption and heterocoagulation of nonionic surfactants and latex particles on cement hydrates. [J]. Journal of Colloid & Interface Science，2005，281(1)：1-10.

[243] Shi X X，Wang R，Wang P M. Dispersion and absorption of SBR latex in the system of mono-dispersed cement particles in water[J]. Advanced Materials Research，2013，687：347-353.

[244] Beeldens A，Van Gemert D，Ohama Y，et al. Integrated model of structure formation in polymer modified concrete[C]//11th International Congress on the Chemistry of Cement. Durban, South Africa: Cement and Concrete Institute 2003：11-16.

[245] Beeldens A，Gemert D V，Schorn H，et al. From microstructure to macrostructure：an integrated model of structure formation in polymer-modified concrete[J]. Materials and Structures，2005，38(6)：601-607.

[246] Gemert D V，Czarnecki L，Maultzsch M，et al. Cement concrete and concretepolymer composites：two merging worlds：a report from 11th ICPIC Congress in Berlin，2004[J]. Cement & Concrete Composites，2005，27(9-10)：926-933.

[247] Gretz M，Plank J. An ESEM investigation of latex film formation in cement pore solution[J]. Cement & Concrete Research，2011，41(2)：184-190.

[248] Silva D A，Roman H R，Gleize P J P. Evidences of chemical interaction between EVA and hydrating Portland cement[J]. Cement & Concrete Research，2002，32(9)：1383-1390.

[249] Konar B B，Pariya T K. Study of polymer-cement composite containing portland cement and aqueous poly (methyl methacrylate) latex polymer

by fourier – transform infrared (FT – IR) spectroscopy[J]. Journal of Macromolecular Science Part A，2009，46(8)：802 – 806.

[250] Piqué T M，Balzamo H，Vázquez A. Evaluation of the hydration of portland cement modified with polyvinyl alcohol and nano clay[J]. Key Engineering Materials，2011，466：47 – 56.

[251] 李蓓，田野，赵若轶，等. 聚丙烯酸酯乳液改性砂浆微观结构与改性机理[J]. 浙江大学学报：工学版，2014(8)：1345 – 1352.

[252] Ma H，Tian Y，Li Z. Interactions between organic and inorganic phases in PA – and PU/PA – modified cement – based materials[J]. Journal of Materials in Civil Engineering，2015，23(23)：1412 – 1421.

[253] 赵选民. 试验设计方法[M]. 北京：科学出版社，2006.

[254] 何为，薛卫东，唐斌. 优化试验设计方法及数据分析[M]. 北京：化学工业出版社，2012.

[255] 陈福喜，陈晓晖. 硅烷偶联剂在有机胶粘剂中的应用[J]. 杭州科技，2002(4)：42 – 43.

[256] 何曼君，张红东，陈维孝，等. 高分子物理[M]. 上海：复旦大学出版社，2015.

[257] 张金喜，金珊珊. 水泥混凝土微观孔隙结构及其作用[M]. 北京：科学出版社，2014.

[258] 郭伟，秦鸿根，陈惠苏，等. 分形理论及其在混凝土材料研究中的应用[J]. 硅酸盐学报，2010 (7)：1362 – 1368.

[259] Zhang B，Li S. Determination of the surface fractal dimension for porous media by mercury porosimetry[J]. Industrial & Engineering Chemistry Research，1995，34(4)：1383 – 1386.

[260] Zhang B，Liu W，Liu X. Scale – dependent nature of the surface fractal dimension for bi – and multi – disperse porous solids by mercury porosimetry[J]. Applied Surface Science，2006，253(3)：1349 – 1355.

[261] Choon P，Dongw C. 硅酸盐水泥基无大孔胶凝材料中金属离子的作用[J]. 硅酸盐学报，1996(4)：382 – 388.